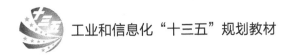 工业和信息化"十三五"规划教材

MATHEMATICAL
MODELING

# 数学建模

梁进 陈雄达 钱志坚 杨亦挺 ◎ 编

人民邮电出版社

北 京

**图书在版编目（CIP）数据**

数学建模 / 梁进等编. -- 北京 : 人民邮电出版社,
2019.5（2022.8重印）
ISBN 978-7-115-50497-5

Ⅰ. ①数… Ⅱ. ①梁… Ⅲ. ①数学模型 Ⅳ.
①O141.4

中国版本图书馆CIP数据核字(2018)第285474号

## 内 容 提 要

　　本书在常规数学建模教学内容的基础上对建模的分析和计算问题进行了强化，并结合实例讲解各个模型的深度应用，特别增补了数据处理模型的内容，以应对大数据时代的建模需求. 全书共 5章，分别为图论模型、概率统计模型、动态模型、优化模型、竞赛攻略. 其中，4 类模型可以应对大多数建模问题，竞赛攻略则介绍了竞赛的基本情况，并以同济大学数学建模竞赛一等奖论文为例进行点评分析，希望给有志参赛的同学提供一定的帮助.

　　本书适合作为本科高年级学生或研究生数学建模课程的教材，也可供参加数学建模竞赛的学生学习参考.

◆ 编　　　梁　进　陈雄达　钱志坚　杨亦挺
　　责任编辑　刘海溧
　　责任印制　焦志炜

◆ 人民邮电出版社出版发行　　北京市丰台区成寿寺路 11 号
　　邮编　100164　电子邮件　315@ptpress.com.cn
　　网址　http://www.ptpress.com.cn
　　北京虎彩文化传播有限公司印刷

◆ 开本：787×1092　1/16
　　印张：9.5　　　　　　　　2019 年 5 月第 1 版
　　字数：224 千字　　　　　2022 年 8 月北京第 4 次印刷

定价：32.00 元

读者服务热线：**(010)81055256**　印装质量热线：**(010)81055316**
反盗版热线：**(010)81055315**
广告经营许可证：京东市监广登字 20170147 号

# 前　　言

古希腊数学最早分为代数和几何，分别起源于计数、丈量大地及天文观测等实践活动．西方工业革命后，随着科学技术的发展，当时对静态的数量和空间关系的数学研究成果已不能满足需求，因此用于处理变量的微积分就应运而生．当然，数学家们用了百余年才将其理论逐步完善，使得微积分成为今天强大的数学分析工具．第二次世界大战期间，弹道设计、飞行控制、物资调运、密码破译等方方面面对数学的迫切需求，快速地将数学的应用推向了更多的领域，催生了一大批新的数学学科，迎来了应用数学蓬勃发展的时代．这期间，电子计算机的诞生也大大改变了数学研究及数学应用的格局．伴随而来的随机处理的理论和方法也进入了理论数学的"正厅"．21 世纪，信息化社会和互联网时代对数学提出了更为广泛和深刻的要求．具有时代特征的大数据正在有力地推动着数学科学的发展，现有的许多数学理论都面临大数据带来的挑战，同时，这也给数学发展进入一个新时期提供了难得的机遇．

数学分为理论数学和应用数学两部分，这两部分的发展动力分别来自数学本身的内在动力以及自然和社会需求的外在动力，特别是后者，从前面的历史回顾可以看出它是数学形成和发展的源动力．这两股动力的合力就是数学生生不息、发展强劲的根本原因．自数学诞生的第一天起，这两部分就是相辅相成，共同发展的．它们息息相通，水乳交融，然而从表面上看，这两部分却各有自己的天地，特别是理论数学一旦形成了基本的概念和方法，就不一定需要来自实际的动力，更多时候凭借数学内部的矛盾和抽象思维就可以独自进行推进，甚至离实际越来越远，走进了象牙塔．但数学一旦缺少外部动力作为本源的支持，终将式微，因此数学是离不开应用的．随着科学和社会的发展，实际应用中大量的数学问题应运而生，急切地要求应用数学工具去解决，有些问题用已知的数学工具就可以解决，而有更多问题对现有的数学理论提出了挑战，甚至催生了许多新的数学分支．所以数学的理论和应用的关系就像中国古典哲学思想的太极圆，你中有我，我中有你，而连接理论和应用的一个直接的纽带就是数学建模．

概括地说，数学建模是数学通向实际应用的必经之路，也是促进数学发展的重要因素．数学建模面对的是实际问题，它是应用数学的第一步，担负着如何将实际问题翻译成数学语言，提出数学问题，最后再将数学结果翻译到实际应用中去的任务，所以其至少肩负着如下职责：(1)明白实际问题，发现问题中的数量或空间关系，用适当的数学工具表述这些关系；(2)深切理解数学，了解数学的长处和短处，掌握至少一个数学分支，并熟悉其他各分支，找到最适合的数学工具去处理对象问题．所以一个数学建模者，既要了解实际问题，也要掌握数学的理论和方法．

然而数学模型并不是百分之百地反映了实际问题，在建模的过程中，人们对实际问题进行了一定的假设和简化，突出了主要矛盾而忽略了次要矛盾，这需要人们在应用数学模型时留意其适用范围，这样同一个实际问题才可能有不同的数学模型表述．从某种程度上说，这正是数学的各个分支百花齐放、各具芬芳的原因. 正如 1998 年菲尔兹奖得主、英国数学家高尔斯(T. Gowers)所说，数学所研究的并非是真正的现实世界，而只是现实世界的数学模型，也就是研究现实世界的一种虚构和简化的版本. 其实，数学各个分支的研究对象，几何、代数、变量、方程……哪一个不是某方面具有该分支特点的数学模型呢？因此，可以说数学模型也是理论数学的研究对象，是理论数学的原始出发点. 数学的发展史就是建立各种从实际中提出数学模型并对其研究深化的历史，因此数学建模在数学研究领域的地位是举足轻重、极为关键的.

既然数学建模如此重要，那么数学建模就应该成为数学专业学生、其他理工科学生甚至是文科学生的必修课. 合适的教材也就成了学生学习以及老师讲授数学建模课程的好帮手. 近年来，参加各种各样数学竞赛的学生越来越多，常有学生问起，想参赛要达到什么样的要求？我们的回答是，没有特殊的要求，只要你懂点数学，能写作文即可. 事实上，你可以用自己已知的数学知识去翻译实际问题、解决实际问题. 当然，你的数学知识掌握得越多，就有可能做出越好的模型. 所以数学建模的目的不是考验建模者会不会技巧，而是形成一个让人循序渐进、不断增强能力的过程.

数学建模学习过程中最困难的可能是如何将一个实际问题用数学语言表示出来. 数学领域学科纷繁多样，其表达形式也有各种"方言"，要从中找到适合问题对象的数学工具. 图 1 所示的建模路线图将本书主要介绍的模型联系起来，也许可以帮助读者尽快将需要解决的问题对号入座.

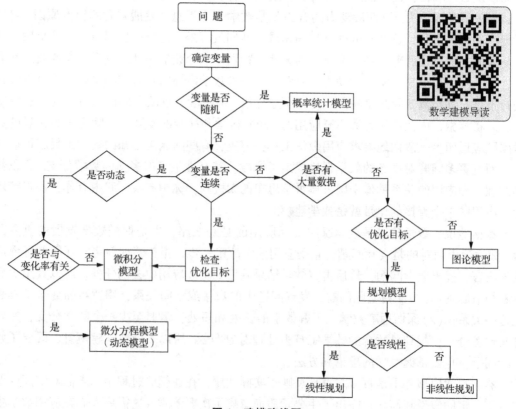

图 1　建模路线图

　　然而这张示意图并不是"建模秘诀"，同一个问题可能需要使用多个工具建模，也可能这个问题用不同的工具都可以处理，所以学习数学建模需要通过对数学理论的深刻理解和掌握以及建模应用的实践逐渐加强解决问题的能力.

　　《数学建模讲义》是基于我们近十年在同济大学进行数学建模教学实践所出的第一本教材. 该教材出版后受到师生们的欢迎和好评. 随着现代社会日新月异的发展以及人们对数学建模各层次学习的需求，这本教材已不能完全满足所有的课程对象，于是我们组织撰写了这本《数学建模》. 如果说《数学建模讲义》是学习数学建模的入门教材，那么这本《数学建模》就是一本进阶教材. 两本教材都保持了语言通俗、例子有趣的特点，但又各有侧重. 《数学建模讲义》中有大量初等模型的例子，详述了线性规划，对建模的过程和基本方法进行逐步深入的详细解释，尤其对建模的其他要素，如写作、评估等也有详解. 而《数学建模》在继承《数学建模讲义》重视计算的基础上，加强了分析问题的环节，深化了图论、动态和优化模型，特别是增添了概率统计模型，以应对大数据时代的需求.《数学建模》还针对目前越来越受欢迎的数学建模竞赛，专开一章介绍参赛攻略，希望给有志参赛的同学提供一定的帮助.

　　读者扫描旁边的二维码，可以观看由本书编者主演的《数学之城》科普短片(版权归上海东影传媒有限公司所有)。该片是本书很好的导读片，荣获 2017 年国家科普影片最高奖"科蕾杯"一等奖，片中涉及许多城市生活中的问题，其数学建模方法在本书有详细的介绍。读者观看后会感受到：数学建模是和我们的生活密不可分的。

《数学之城》短片

　　本书共 5 章，除前言外，分别为图论模型(杨亦挺编写)、概率统计模型(钱志坚编写)、动态模型(梁进编写)、优化模型(陈雄达、梁进编写)和竞赛攻略(梁进编写). 黄芝轩同学对第 2 章的计算工作进行了有力支撑，在此表示感谢. 本书提供了部分程序代码示例和动画(陈雄达、钱志坚编写)，读者可从人邮教育社区(www.ryjiaoyu.com)搜索本书书名，在对应页面下载. 本书面向的读者对象主要是有一定数学建模基础的同学. 与《数学建模讲义》一样，教师在授课时可以根据实际情况进行删减. 每章最后附有精心挑选的习题. 希望这本书可以对读者学习数学建模和提高数学建模能力有所帮助.

编者

2019 年 3 月

# 目 录

第1章 图论模型 ……………… 1

1.1 图论模型的基本理论 …………… 2

1.1.1 图的独立集 ……………… 4

1.1.2 竞赛图 ……………… 5

1.1.3 Dijkstra 算法 ……………… 5

1.1.4 Kruskal 算法 ……………… 6

1.1.5 匹配算法 ……………… 7

1.2 图的独立集应用 …………… 9

1.3 竞赛图应用 …………… 11

1.4 Dijkstra 算法应用 …………… 13

1.4.1 最佳乘车路线问题 …………… 13

1.4.2 票价定制问题 …………… 14

1.5 Kruskal 算法应用 …………… 15

1.6 匹配算法应用 …………… 16

1.7 习题 …………… 17

第2章 概率统计模型 ……………… 20

2.1 概率统计模型的基本理论 …… 21

2.1.1 蒙特卡洛方法的一般原理 …… 21

2.1.2 马尔科夫方法的一般原理 …… 22

2.1.3 逻辑回归方法的一般原理 …… 24

2.1.4 聚类分析方法的一般原理 …… 25

2.2 蒙特卡洛模型应用 …………… 28

2.2.1 投针算圆周率问题 …………… 28

2.2.2 交通路口堵车问题 …………… 30

2.2.3 电梯问题 …………… 31

2.3 马尔科夫模型应用 …………… 34

2.3.1 疾病健康问题 …………… 34

2.3.2 疾病健康死亡问题 …………… 36

2.3.3 汽车工况问题 …………… 37

2.4 逻辑回归模型应用 …………… 41

2.4.1 优惠券的精准投放问题 ……… 42

2.4.2 投保客户加保可能性问题 …… 45

2.5 聚类分析模型应用 …………… 50

2.5.1 空气质量分类问题(Q 型聚类)
…………… 50

2.5.2 食品分类问题(R 型聚类) … 52

2.5.3 电商客户问题(RFM 模型) …… 55

2.6 习题 …………… 57

第3章 动态模型 ……………… 59

3.1 动态模型的基本理论 …………… 60

3.1.1 微分方程 …………… 60

3.1.2 定性分析 …………… 60

3.1.3 数值解 …………… 61

3.2 简单动态模型示例 …………… 61

3.3 差分方程模型应用 …………… 63

3.4 常微分方程模型应用 …………… 66

3.4.1 滞阻模型 …………… 66

3.4.2 密度限制模型 …………… 67

3.4.3 最优采药模型 …………… 68

3.5 常微分方程组模型应用 ……… 68

3.5.1 捕食模型 …………… 69

3.5.2 竞争模型 …………… 72

3.5.3 共助模型 …………… 74

3.6 偏微分方程模型应用 …………… 75

3.7 模型参数拟合 …………… 77

3.8 习题 …………… 79

第4章 优化模型 ……………… 81

4.1 优化模型的基本理论 …………… 82

4.1.1 微积分优化方法 ············ 83

4.1.2 线性规划模型和整数规化模型

············ 83

4.1.3 非线性规划模型 ············ 84

4.1.4 变分优化模型 ············ 84

**4.2 微积分优化方法应用** 86

4.2.1 矩形等周长问题 ············ 86

4.2.2 碳排放生产控制问题 ············ 87

**4.3 线性规划模型和整数规划模型**

**应用** ············ 89

4.3.1 简单线性规划示例 ············ 89

4.3.2 整数和 0-1 规划示例 ············ 94

**4.4 非线性规划模型应用** ············ 98

4.4.1 工地运输问题 ············ 99

4.4.2 奇怪的骰子问题 ············ 101

4.4.3 关灯游戏问题 ············ 102

4.4.4 零件生产正品的优化问题 ············ 105

4.4.5 网络流问题 ············ 106

4.4.6 应急设施配置问题 ············ 108

**4.5 变分优化模型应用** ············ 112

4.5.1 简单变分优化 ············ 112

4.5.2 路径变分优化 ············ 114

4.5.3 生产安排优化 ············ 117

**4.6 一些优化计算方法介绍** ········ 119

4.6.1 遗传算法 ············ 119

4.6.2 模拟退火算法 ············ 120

4.6.3 启示性算法 ············ 121

4.6.4 蚁群算法 ············ 121

4.6.5 演示 ············ 121

**4.7 习题** ············ 122

**第5章 竞赛攻略** ············ 127

**5.1 各种数学建模竞赛简介** ········ 127

5.1.1 美国数学建模竞赛 ············ 127

5.1.2 全国大学生数学建模竞赛 ········ 128

5.1.3 全国研究生数学建模竞赛 ········ 128

5.1.4 其他赛事 ············ 128

**5.2 如何参加数学建模竞赛** ········ 128

5.2.1 竞赛特点 ············ 129

5.2.2 模型评价 ············ 129

5.2.3 参赛攻略 ············ 129

**5.3 数学建模竞赛题目分析及论文**

**点评** ············ 135

5.3.1 竞赛题目及分析 ············ 135

5.3.2 参赛论文及点评 ············ 142

**参考文献** ············ 144

# 第1章 图论模型

本章中我们着重介绍图论相关的一些模型和算法. 先从一个经典的图论模型——哥尼斯堡七桥问题谈起.

18 世纪初在普鲁士的哥尼斯堡城有一条河穿过城市的中心，河中分布着两个小岛，这两个岛与河岸由七座桥连接起来，如图 1.1(a)所示. 有人提出一个有趣的问题，即一个步行者怎样才能不重复、不遗漏地一次走完七座桥，最后回到出发点. 这一问题被命名为哥尼斯堡七桥问题，也被认为是图论学科的起源. 这个问题看似非常简单，但是却难住了当时博学的教授们，最后大数学家欧拉解决了这一问题. 他解决这一问题的过程可以看作是一个简单的数学建模过程.

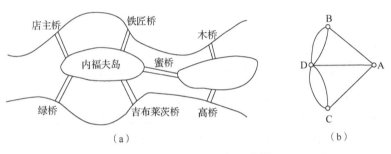

**图 1.1 哥尼斯堡七桥示意图**

第一步，我们把这个问题的本质提炼出来，即人们分别在岸上和岛上行走的路线与距离，桥的形状长度与本问题无关，我们只需要关注过桥的顺序. 基于这一考虑，第二步我们可以分别用四个点来表示河的两岸和河中的岛屿，而用点之间的连线表示连接它们之间的桥，这样我们就得到了一张简单的图，如图 1.1(b)所示. 我们所要求解的问题就转化成了是否可以从图中一点出发，经过每条连线恰好一次回到起点. 第三步，我们观察到在经过图中点时必然由一条连线进另一条连线出，因此我们所要求的走法存在的必要条件是图中每个点相关联的连线数目是偶数，从而得出结论，哥尼斯堡七桥问题中所要求的走法是不存在的.

下面我们再给出一个看似和图无关，但可由图来巧妙解决的问题——过河问题.

一只狼，一只羊，一筐菜位于河的同侧. 一个摆渡人要将它们运过河去，由于船小，运力有限，一次只能载三者之一. 很显然，狼和羊，羊和菜都不能在无人监视的情况下留在一起，那么摆渡人应该怎样把它们运过河呢？

我们的目标是将羊，狼，菜从河的一边运到另一边，在每次摆渡发生后，羊、狼、菜中最多一个以及人的位置会发生变化(即从河岸的一边到另一边)，而根据题意，其中一些位置的组合是不可以出现的. 因此，整个摆渡过程可以看成是狼、羊、菜、人的位置的可行的变化过程. 我们可以建立一张图来刻画这一过程. 不妨设开始三者都在河的北岸，需要运到南岸.

我们用一个长度为 4 的 0，1 序列来表示人、羊、狼、菜在摆渡发生前或后的位置，其中 1 表示北岸，0 表示南岸．根据要求，我们列出可能的 10 种状态，分别用平面上 10 个点来表示，对于它们当中任何两个点，用一条线相连，当且仅当这两点所表示的位置状态可以通过一次摆渡转化．这样我们就得到了一张图（见图 1.2），而图中从点 $(1,1,1,1)$ 经过一些边到点 $(0,0,0,0)$ 的每一种走法都对应一种可行的摆渡方案．

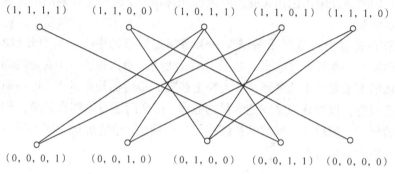

图 1.2　人、羊、狼摆渡示意图

如果我们需要找一个最好的方案，很自然就是要找经过边最少（摆渡次数最少）的方案．这点可以通过图论中的最短路径算法实现，我们会在后面的章节中介绍这一算法．

不论是哥尼斯堡七桥问题还是过河问题，我们所建立的模型都是一张简单的"图"，而它就是图论这一学科主要的研究对象．就是这样一个简单的模型与现实生活有着紧密的联系，有着广泛的应用．如图 1.3 所示是本章所要介绍的模型的关系结构．

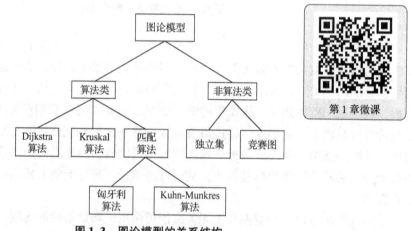

图 1.3　图论模型的关系结构

# 1.1　图论模型的基本理论

对于前面的两个例子，我们可以这样来理解，所谓的图就是由平面上的一些点以及这些点之间的连线构成的结构．这里我们对点的位置，连线的曲折程度、长短不做区分，重点在于哪些点对是相连的，由几条线相连．图中的点在图论中称为顶点，两点之间的连线称为边. 和某一点有边连接的其他点都称为它的邻点.

在过河问题的解决方案中，从一点出发，通过一些边经过不同的点到达另一点的路径我们称之为路，所含边的数目称为路的长度. 一般来说，图中连接两点的路不止一条，我们把这些路中所含边数最少的路所含的边数称为这两点之间的距离.

实际问题中所建立的图论模型往往比上述问题复杂，因此需要借助计算机并通过好的图论算法来解决. 我们将在本章对一些基本算法逐一介绍，然后在以后的章节里通过模型加以应用. 而运用计算机解决图上的问题，首先我们要让计算机学会读取图的信息. 为了做到这一点，我们引进了关联矩阵和邻接矩阵.

- 关联矩阵：当图 $G$ 中顶点集和边集分别为 $V=\{v_1,v_2,\cdots,v_n\}$ 和 $E=\{e_1,e_2,\cdots,e_m\}$ 时，我们可以写出其对应的关联矩阵 $M(G)=(m_{ij})$，其中，如果 $v_i$ 是边 $e_j$ 的一个端点则 $m_{ij}$ 为 1，否则为 0.

- 邻接矩阵：当图 $G$ 的顶点集为 $V=\{v_1,v_2,\cdots,v_n\}$ 时，我们可以定义它的邻接矩阵 $A(G)=(a_{ij})$，其中 $a_{ij}$ 为连接顶点 $v_i$ 与 $v_i$ 的边的数目.

例如，如图 1.4 所示，其关联矩阵和邻接矩阵分别为

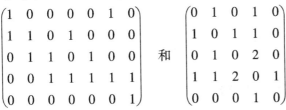
和
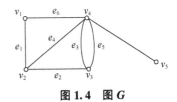

图 1.4　图 $G$

$$
\begin{pmatrix}
1 & 0 & 0 & 0 & 0 & 1 & 0 \\
1 & 1 & 0 & 1 & 0 & 0 & 0 \\
0 & 1 & 1 & 0 & 1 & 0 & 0 \\
0 & 0 & 1 & 1 & 1 & 1 & 1 \\
0 & 0 & 0 & 0 & 0 & 0 & 1
\end{pmatrix}
\quad 和 \quad
\begin{pmatrix}
0 & 1 & 0 & 1 & 0 \\
1 & 0 & 1 & 1 & 0 \\
0 & 1 & 0 & 2 & 0 \\
1 & 1 & 2 & 0 & 1 \\
0 & 0 & 0 & 1 & 0
\end{pmatrix}
$$

很显然，图的邻接矩阵是对称的，因此为了节约计算机储存空间，我们往往只需要读取对角线及以上部分.

在实际问题中，我们遇到的绝大多数图中两点之间至多只有一条边连接，且没有自己到自己的边，这样的图称为简单图. 如果根据实际问题需要，对图中的边赋予一定的权重，我们称这样的图为赋权图，记边 $(v_i,v_j)$ 的权为 $w(v_i,v_j)$. 对于赋权图，两点间的距离的定义和一般图就不一样了，它是指连接两点之间的所有路中权重最小的路的权重. 有时我们需要对图的每一条边都规定方向，加了定向的图我们称为有向图. 当然，为了突出有向图的方向性，它的邻接和关联矩阵都和无向图有所区别，我们将在后面的章节中介绍.

最后，我们介绍几类后面章节中将要涉及的图类，如表 1.1 所示.

表 1.1　图类及说明

| 图　类 | 说　　明 |
| --- | --- |
| 完全图 | 图中任何两点都有唯一一条边连接的图[见图 1.5(a)] |
| 连通图 | 图中任意两点之间至少有一条路径相连 |
| 圈 | 从一顶点出发，不重复地经过一些点和边又回到自己 |
| 树 | 一个不含圈的连通图 |
| 二部图 | 图的顶点集可以分成两部分，使得图中的每条边的两个端点都分别在这两个部分 |
| 完全二部图 | 任意取自两个部分的点都有边相连的二部图 |
| 哈密顿路 | 通过图的每个顶点一次，且仅一次的通路 |
| 双连通图 | 图中任何两点之间有两条方向相反的有向路连接 |

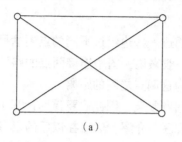 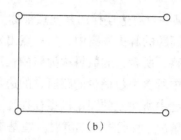

（a）　　　　　　　　　　　（b）

**图 1.5　完全图和支撑树示意图**

通常我们可以通过去边和去点的方法得到包含在一个大图中的小图，我们称之为子图，注意去点时也去掉该点相关联的边. 包含所有顶点的子图叫作支撑子图，特别地，如果一个支撑子图是树时，我们称它为图的支撑树[ 见图 1.5(b) ]. 由两两无公共端点的边所组成的子图称为图的匹配，如果该匹配涵盖了图的所有顶点，则称其为图的完美匹配. 图 1.6 所示就是一个二部图和它的一个完美匹配.

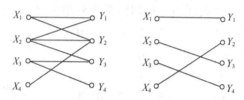

**图 1.6　二部图及其完美匹配**

### 1.1.1　图的独立集

图的一个顶点子集如果满足其中任何两个顶点之间都没有边相连，那么我们称其为一个独立集. 如果把图看成集合上的二元关系，独立集中的顶点相互没有关系，所以在信息科学研究中常称其为稳定集. 所含顶点个数最多的独立集称为最大独立集，而这一最大值称为图的独立数. 如何找点数多的独立集以及确定图的独立数是图论研究中一个极其重要的问题. 我们可以通过取点然后删去它的邻点，再取点再删邻点的这种贪婪算法得到独立集，但并不能保证所得的独立集所含点数足够多. 如果一个独立集不包含于任何其他独立集，我们称其为极大独立集. 如何将一个图的顶点集划分成尽可能少的独立集的并即为图的着色问题.

图的覆盖是与图的独立集紧密相关的一个概念. 图的一个顶点子集如果满足图中任意一条边都与其中某一点关联，则称该子集为图的一个覆盖. 所含点数最小的覆盖称为最小覆盖. 如果一个点覆盖不包含其他覆盖，我们称其为图的极小覆盖. 如果以顶点集为全集，每个独立集的补集为图的一个覆盖，而任何一个覆盖的补集必为一个独立集. 所以极大独立集与极小覆盖也为互补关系，因此寻找极大独立集和寻找极小覆盖为两个等价的问题.

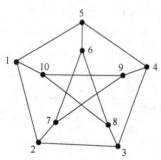

**图 1.7　独立集与覆盖示例**

如图 1.7 所示，$\{5,7,8\}$ 是一个极大独立集，$\{1,4,7,8\}$ 是一个最大独立集，$\{1,2,3,4,6\}$ 是一个极小覆盖，$\{2,3,5,6\}$ 是一个最小覆盖.

### 1.1.2　竞赛图

竞赛图是一种特殊的有向图，它的任何一对顶点之间都有一条唯一的有向边相连．换句话说，竞赛图实际上是由对完全图的每条边都赋上一个方向得到．之所以称之为竞赛图，是因为我们可以用它来记录一场小组内循环赛的比赛结果．因为对每一条边的方向只有两个选择，所以，我们只能记录必须分出胜负的比赛，不允许出现打平的情况，例如篮球比赛．我们可以用顶点来表示运动员或运动队，用有向边来记录两队的比赛结果．具体地，如果甲赢了乙，在甲和乙之间用一条由甲指向乙的边来连接．这样我们得到了一张竞赛图记录了所有的比赛．竞赛图当前主要应用于包括投票理论和社会选择理论在内的研究．

下面我们介绍两个竞赛图的基本性质．

**性质 1**　任何竞赛图都含有一个有向的哈密尔顿路．

我们定义一个无向图的哈密尔顿路，即从图某一点出发到达另一顶点且经过图中所有其他顶点恰好一次的路径．对于有向图，我们有类似的定义，所谓有向的哈密尔顿路是从一点出发到达另一顶点并经过所有顶点恰好一次的有向路径，这里有向路径是指路径中的边的方向都一致．

**性质 2**　任何竞赛图都有一个唯一的双连通分支的线性排序．

如果图中任意两个顶点之间都有两条方向相反的有向路连接，则称其是双连通或强连通的．对于不是双连通的图，都可以分解成若干个极大的双连通分支．上述性质指出对于竞赛图，存在极大的双连通分支的唯一的一个线性排列，即 $D_1, D_2, \cdots, D_k$，其中对于任何 $i < j$，$D_i$ 和 $D_j$ 之间的有向边的方向均为从 $D_i$ 的顶点指向 $D_j$ 的点．

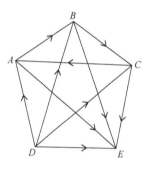

**图 1.8　竞赛图示例**

如图 1.8 所示是一个竞赛图，它不是双连通的，$D \to A \to B \to C \to E$ 为一条有向的哈密尔顿路，该图有 3 个双连通分支且唯一线性排序为 $D_1 = \{D\}$，$D_2 = \{A, B, C\}$，$D_3 = \{E\}$．

### 1.1.3　Dijkstra 算法

Dijkstra 算法(迪杰斯特拉算法，一般用其英文)是一个用来计算给定赋权图中一点到其他各点之间距离的算法，也称为最短路径算法．

输入：$n$ 个顶点的赋权图 $G$，顶点 $u_0$．

(1) 置 $l(u_0) = 0$，对 $v \neq u_0$，$l(v) = \infty$，$S_0 = \{u_0\}$ 且 $i = 0$．

(2) 对每个 $v \in \bar{S}_i$，用 $\min\{l(v), l(u_i) + w(u_i, v)\}$ 代替 $l(v)$．计算 $\min\limits_{v \in \bar{S}_i}\{l(v)\}$，并且把达到这个最小值的一个顶点记为 $u_{i+1}$，置 $S_{i+1} = S_i \cup \{u_{i+1}\}$．

(3) 若 $i = n-1$，则停止．若 $i < n-1$，则 $i+1$ 代替 $i$，并转入(2)．

输出：$u_0$ 和图中任意点之间的距离．

> **注意：**Dijkstra 算法是一个多项式时间算法，事实上它能执行不超过 $n^2$ 次简单运算($n$ 为图中顶点的个数)，算出赋权图上任意两点之间的距离．

下面我们运用 Dijkstra 算法来计算图 1.9 中点 $u_0$ 到其他各点的距离.

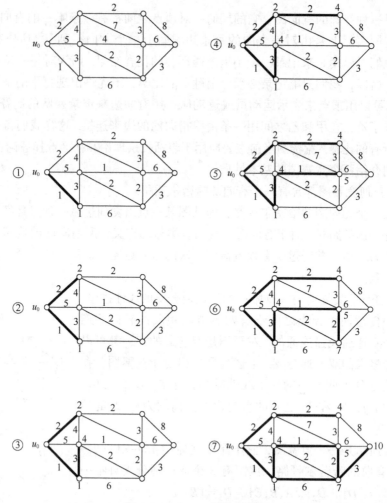

**图 1.9  Dijkstra 算法示意图**

### 1.1.4  Kruskal 算法

要求一张赋权图的最小支撑树，我们可以采用如下的 Kruskal 算法（克鲁斯卡尔算法，一般用其英文），也称为最小支撑树算法.

输入：赋权图 $G(V,E,w)$，其中 $w$ 为各条边权重的赋值函数.

（1）选择边 $e_1$，使得 $w(e_1)$ 尽可能小.

（2）若已经选定边 $e_1,e_2,\cdots,e_i$，则从 $E\setminus\{e_1,e_2,\cdots,e_i\}$ 中选取 $e_{i+1}$，使得

① 由 $e_1,e_2,\cdots,e_i$，构成的子图 $G[\{e_1,e_2,\cdots,e_{i+1}\}]$ 为无圈图；

② $w(e_{i+1})$ 是满足（1）的尽可能小的权.

（3）当第（2）步不能继续执行时则停止.

输出：最小支撑树 $T(G)$.

下面我们运用 Kruskal 算法，求出图 1.10 中的最小支撑树（最后一张图加粗边为支撑树）.

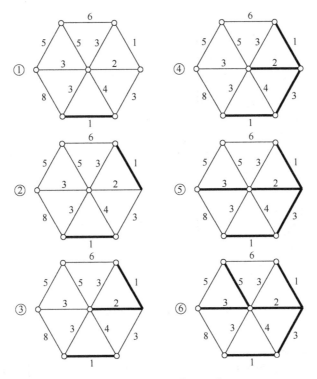

**图 1.10  Kruskal 算法示意图**

### 1.1.5  匹配算法

本节中我们将介绍与匹配相关的两个经典算法——匈牙利算法和 Kuhn-Munkres 算法(也称 KM 算法)。

为了便于理解算法,我们先介绍两个相关的概念. 假设 $M$ 是图 $G$ 的一个匹配,$v$ 是 $G$ 的一个顶点, 如果 $v$ 是 $M$ 中某条边的端点, 则称 $M$ 饱和 $v$, 否者称 $v$ 是 $M$ 的非饱和点.

一条连接两个非饱和点 $x$ 和 $y$ 的由 $M$ 外的边和 $M$ 的边交错组成的路称为 $M$ 的可扩 $(x, y)$ 路. 设 $S$ 为 $G$ 中一些顶点组成的集合, 记 $N(S)$ 为 $S$ 中各点邻点的并集.

图 1.11 中的匹配 $M$ 中就存在可扩路 $P$, 经过更新后得到一个边数更多的匹配 $\hat{M}$.

**1. 匈牙利算法**

匈牙利算法主要用于求已知二部图的最大匹配, 如果二部图两部分顶点一样多, 该算法显然可以确定完美匹配是否存在.

(1) 若 $M$ 饱和 $X$ 的每个顶点, 则停止. 否则, 设 $u$ 是 $X$ 中的 $M$ 非饱和点. 置 $S = \{u\}$ 及 $T = \varnothing$.

(2) 若 $N(S) = T$, 由于 $|T| = |S| - 1$, 所以 $|N(S)| < |S|$, 因而停止, 因为根据 Hall 定理(参考文献[1]), 不存在饱和 $X$ 的每个顶点的匹配. 否则, 设 $y \in N(S) \setminus T$.

(3) 若 $y$ 是 $M$ 饱和的. 设 $yz \in M$, 用 $S \cup \{z\}$ 代替 $S$, $T \cup \{y\}$ 代替 $T$, 并转到第(2)步. 否则, 设 $P$ 是 $M$ 可扩 $(u, y)$ 路, 用 $\hat{M} = M \Delta E(P)$ 代替 $M$, 并转到第(1)步. 其中 $E(P)$ 为 $P$ 的边集. 符号 $\Delta$ 表示集合的对称差运算. 通常, 对于集合 $A$, $B$, 其对称差 $A \Delta B = (A - B) \cup (B - A) = (A \cup B) - (A \cap B)$.

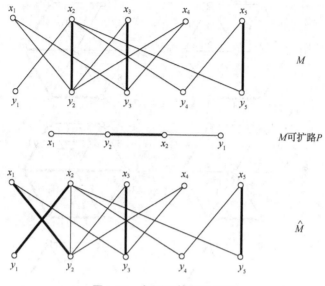

图 1.11   匈牙利算法示意图

### 2. Kuhn-Munkres 算法

Kuhn-Munkres 算法是对匈牙利算法的一个改进，可以用来找出赋权完全二部图的最优匹配.

假设 $l$ 是顶点集 $X \cup Y$ 上的实函数，且满足对于所有的 $x \in X$ 及 $y \in Y$，均有

$$l(x) + l(y) \geqslant w(x,y),$$

其中 $w(x,y)$ 为边 $xy$ 的权重，则称 $l$ 为 $G$ 的一个可行顶点标号. 这样的标号一定是存在的，例如，我们可以对所有 $Y$ 中的点都标零，而对于 $X$ 中的点 $x$ 标上与它关联的所有边的权重的最大值即可. 记 $G_l$ 为在标号 $l$ 下，那些使得上式取等号的边组成的 $G$ 的子图. $G_l$ 中与顶点集 $S$ 关联的点的集合记为 $N_{G_l}(S)$.

从任一可行顶点标号 $l$ 开始，然后决定 $G_l$，并且在 $G_l$ 中选取任意一匹配 $M$.

（1）若 $X$ 是饱和的，则 $M$ 是完美匹配，并且是最优的，算法终止；否则，令 $u$ 是一个 $M$ 非饱和点，置 $S = \{u\}$，$T = \varnothing$.

（2）若 $N_{G_l}(S) \supset T$，则转入（3）；否则 $N_{G_l}(S) = T$. 计算

$$\alpha_l = \min_{\substack{x \in S \\ y \notin T}} \{l(x) + l(y) - w(xy)\},$$

且由

$$\hat{l}(v) = \begin{cases} l(v) - \alpha_l, & \text{若 } v \in S, \\ l(v) + \alpha_l, & \text{若 } v \in T, \\ l(v), & \text{其他.} \end{cases}$$

给出可行顶点标号 $\hat{l}$. 以 $\hat{l}$ 代替 $l$，以 $G_{\hat{l}}$ 代替 $G_l$.

（3）在 $N_{G_l}(S) \setminus T$ 中选择一个顶点 $y$. 考察 $y$ 是否 $M$ 饱和. 若 $y$ 是 $M$ 饱和的，并且 $yz \in M$，则用 $S \cup \{z\}$ 代替 $S$，用 $T \cup \{z\}$ 代替 $T$，再转到（2）；否则，设 $P$ 是 $G_l$ 中 $M$ 可扩 $(u,y)$ 路，用 $\hat{M} = M \Delta E(P)$ 代替 $M$，并转到（1）.

图 1.12 所示为一个赋权完全二部图 $G=(G,w)$，以及在标号 $l$ 和 $\hat{l}$ 下的子图以及最优匹配.

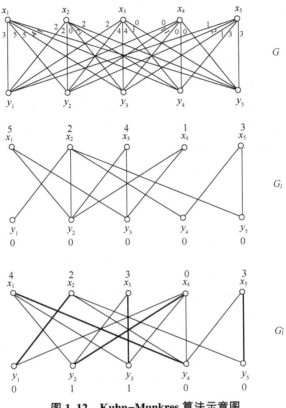

**图 1.12　Kuhn-Munkres 算法示意图**

# 1.2　图的独立集应用

**问题描述**　各大学教务处每学期临近结束时，都需要根据各任课老师任课计划和学生选课情况，再结合教室资源情况安排下一学期的课程及上课时间和地点. 表 1.2 所示是某大学电信学院的大三各专业部分课程情况. 该学院每届学生按专业分班，统一选课. 另外，学院只有一间普通机房和一间高级机房. 那么应该如何合理地安排这些课程呢?

**表 1.2　课程安排**

| 课　程 | 专　业 | 任课老师 | 上课地点 |
| --- | --- | --- | --- |
| 人工智能 | 自动化 | 刘宇 | 教室 |
| 程序设计 | 计算机科学 | 刘宇 | 普通机房 |
| 数据结构 | 计算机科学 | 张明 | 教室 |
| 动画制作 | 自动化 | 王文 | 高级机房 |
| 动画制作 | 计算机科学 | 张明 | 高级机房 |
| 数据结构 | 信息安全 | 张明 | 教室 |
| 程序设计 | 信息安全 | 王文 | 普通机房 |

**思路分析**　一般来说，在大学里，每学期任课老师都有一定工作量的要求，往往可能要上不止一门课程，或同一门课程有多个教学班，而每位同学需要在学期内完成若干门课程的学习（但受专业限制，同专业所选课程差异较小），因此我们在安排上课时间时一定要保证同一位老师教授的任意两门课程和同一专业的学生学习的任意两门课程不可排在同一时间．另外，对于某些对上课设施有特殊要求的课程，也不可以安排在同一时间，因为特殊设施资源是非常有限的，比如机房、球场等．由于受到教室数量的限制，在同一时段无法安排数量超过教室数量的课程．另外，为了方便开展一些全校性的活动，我们希望有些时段可以不安排课程，所以在安排课程时希望上课的时段尽量少．

**模型建立**　基于这一要求，我们可以构造图 1.13 所示的示意图．以每个课程为顶点，两个顶点连一条边，当且仅当两门课程的任课老师为同一人，或有学生同时选了这两门课，或上课教室冲突．那么一个合理的课程安排就是将图中的点进行分化，使得每一个部分里的点都两两不相连．我们把这一划分的过程可以看成是对图的顶点着色，使得相连的两个顶点颜色不一样，这样每一个色部里的点都是两两不相连的，也就是一个独立集．这样每一色部里的点所代表的课程就可以安排在同一个时间段了．在本例中，我们用字母 $a$，$b$，$c$，$d$，$e$，$f$，$g$ 按序表示上述 7 门课，得到图 1.13．我们寻找划分的主要方法是通过极小覆盖找出图中的极大独立集，然后删去该极大独立集，在剩下的图中找出极大独立集，直到剩下的图为一个独立集．这样，每次得到的独立集就可以作为划分的一部分．由于教室数量有限，如果得到的独立集较大，则可以再进一步划分，以便不超过教室的数量上限．

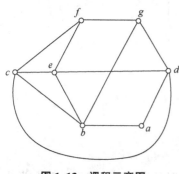

**图 1.13　课程示意图**

在本例中，我们可以用代数方法找出一个划分．图 1.13 中的点表示课程，两点之间的连线则说明这两门课程冲突，不能安排在同一时段．

**模型求解**　为了得到极小覆盖，对于任意顶点 $v$，选择 $v$ 或者选择所有邻点．为了有效地执行这个程序，我们利用代数方法．首先把选择顶点 $v$ 这个指令简记为符号 $v$，随后对给定的指令 $X$ 和 $Y$，指令"$X$ 或 $Y$"和"$X$ 与 $Y$"分别记为 $X+Y$（逻辑和）和 $XY$（逻辑积）．例如，指令"选择 $u$ 与 $v$，或者选择 $v$ 与 $w$"记为 $uv+vw$．根据逻辑运算规则，我们可以得到

$$(uv+vw)(u+vx)=uvu+uvvx+vwu+vwvx.$$

现在考察本例中的图，我们的指令用于求极小覆盖时就是

$$(a+bd)(b+aceg)(c+bdef)(d+aceg)(e+bcdf)(f+ceg)(g+bdf),$$

上式可化简为

$$aceg+bcegd+bdef+bcdf,$$

换言之，选择 $a$、$c$、$e$ 与 $g$，或者 $b$、$c$、$d$、$e$ 与 $g$，或者 $b$、$d$、$e$ 与 $f$，或者 $b$、$c$、$d$ 与 $f$．因此 $\{a,c,e,g\}$，$\{b,c,d,e,g\}$，$\{b,d,e,f\}$ 和 $\{b,c,d,f\}$ 是 $G$ 的极小覆盖．取其补集，得到 $G$ 的所有极大独立集 $\{b,d,f\}$，$\{a,f\}$，$\{a,c,g\}$ 和 $\{a,e,g\}$．我们可以任选一个极大独立集作为划分的第 1 部分，再用同样的方法求去掉该独立集的图中的极大独立集，选取某一个作为划分的第 2 部分，这样进行下去，我们就得到一个完整的划分（$\{b,d,f\}$，$\{a,e,g\}$，$\{c\}$）．在这样的划分下，这些课可以分为 3 个时段，第 1 时段的 3 门课程 $b,d,f$，第 2 时段的 3 门课程 $a,e,g$ 和第 3 时段的 1 门课程 $c$．

注意，本模型中所用的求划分的办法本质上来讲是一种枚举法，在求极小覆盖的过程中用的逻辑运算方法的效率受到图的顶点数目的影响，因此本方法只适用于顶点数较少的图. 对于顶点数目较多的图，尚无高效的划分数最少的划分方法.

# 1.3 竞赛图应用

**问题描述** 某锦标赛采用循环赛制，若干选手两两互相竞赛. 得出竞赛成绩后，应该怎样排列参赛者的名次呢？

**思路分析** 如表 1.3 所示是一次比赛中 6 位选手之间的比赛成绩，我们用数字 1~6 来表示这 6 名选手，其中"胜"字所在行的选手战胜所在列的选手，"负"字所在行的选手输给了所在列的选手.

表 1.3　选手比赛成绩

|   | 1 | 2 | 3 | 4 | 5 | 6 |
|---|---|---|---|---|---|---|
| 1 |   | 胜 | 负 | 胜 | 胜 | 胜 |
| 2 | 负 |   | 负 | 胜 | 胜 | 胜 |
| 3 | 胜 | 胜 |   | 胜 | 负 | 负 |
| 4 | 负 | 负 | 负 |   | 胜 | 胜 |
| 5 | 负 | 负 | 胜 | 负 |   | 胜 |
| 6 | 负 | 负 | 胜 | 负 | 负 |   |

**模型建立** 我们用点来表示运动员，对于任意两名运动员的比赛结果，我们用一条由胜者到负者的有向边表示. 这样我们就得到了图 1.14 所示的这张有向图，记为 $D$，该图中任意两点之间都由唯一一条有向边连接，我们可以将它看作对完全图中各条边的一个定向，即为竞赛图.

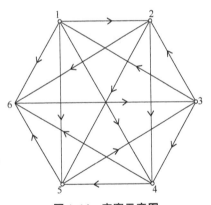

图 1.14　竞赛示意图

一个自然的想法是排名靠前的选手应该击败了排名靠后的选手，因此排参赛者名次的一个可能的办法是寻找这个竞赛图中的哈密顿路(由 1.1.2 节，我们知道这样的路是存在的)，然后按照参加者对应的顶点在这条路中的位置排列名次. 例如，有向哈密顿路(3,1,2,4,5,6)表明选手 3 是冠军，选手 1 是亚军，等等. 可是这种排名显然经不起进一步推敲，因为一个竞赛图一般有许多条有向哈密顿路；我们的例子中就有(1,2,4,5,6,3)，(1,4,6,3,2,5)以及若干别的有向路. 另外，这样给出的排名会出现在两两对决中获胜的选手排在了落败的选手之后的情况.

另一个办法看似很合理，即计算得分(即获胜场次的数目)，并对其进行比较，根据得分由高到低给出排名. 在上面的例子中这样做，按照选手顺序分别写出其获胜场数，得到

得分向量

$$s_1 = (4,3,3,2,2,1),$$

然后按照该向量各位选手的得分大小给出对应的排名, 比如在 $s_1$ 中第一个位置的数最大, 因此 1 号选手应该为冠军, 这里读者立刻就发现这个排名法是有缺陷的, 即这个向量不能区别选手 2 和选手 3 的得分高低, 尽管选手 3 打败了得分高的选手. 于是我们导出第二级得分向量

$$s_2 = (8,5,9,3,4,3),$$

其中每个选手的第二级得分是被他打败的选手的得分之和, 例如, 3 号选手在二级分量中的数值是计算了他所击败的选手在第一级得分分量中的数值之和, 即 9 = 4 + 3 + 2. 我们可以看出 3 号选手的得分在第二级得分向量中最大, 因此名列第一. 继续进行该过程, 选手下一级得分分量中的得分等于上一级得分向量中被他击败的选手的得分之和, 进一步地, 我们得到了如下向量

$$s_3 = (15,10,16,7,12,9),$$
$$s_4 = (38,28,32,21,25,16),$$
$$s_5 = (90,62,87,41,48,32),$$
$$s_6 = (183,121,193,80,119,87).$$

看来选手名次的排列有点波动, 例如选手 3 和选手 1 竞争第一名的情况就是这样. 但是, 由图论知识我们知道, 如果竞赛图是双连通的, 并且至少有 4 个顶点时, 这个程序总是收敛于一个固定的排列. 这将导出在任何竞赛中排选手名次的一个好方法.

**模型求解** 我们看到竞赛图的等级得分向量由

$$s_i = A^i J$$

给出, 这里 $A$ 是 $D$ 的邻接矩阵, $J$ 是由 1 组成的列向量. 有向图 $D$ 的邻接矩阵 $A(D) = (a_{ij})$ 中各项元素的取值满足如果连接点 $v_i$ 和 $v_j$ 的有向弧是从 $v_i$ 指向 $v_j$, $a_{ij} = 1$, 否则为 0. 在本例中, 图 $D$ 的邻接矩阵为

$$\begin{pmatrix} 0 & 1 & 0 & 1 & 1 & 1 \\ 0 & 0 & 0 & 1 & 1 & 1 \\ 1 & 1 & 0 & 1 & 1 & 1 \\ 0 & 0 & 0 & 0 & 1 & 1 \\ 0 & 0 & 1 & 0 & 0 & 1 \\ 0 & 0 & 1 & 0 & 0 & 0 \end{pmatrix}$$

由于 $A$ 是本原的, 根据 Perron-Frobenius 定理(参见参考文献[4]), 设 $A$ 具有最大绝对值的特征值是正实数 $r$, 则

$$\lim_{i \to \infty} \left( \frac{A}{r} \right)^i J = s.$$

这里 $s$ 是对应于 $r$ 的正特征向量. 在上例中, 我们近似地求得

$$r = 2.232, \quad s = (0.238, 0.164, 0.231, 0.150, 0.104)$$

于是, 用这个方法给出的选手的名次排列为 1, 3, 2, 5, 4, 6.

若竞赛图不是双连通的, 它的各个双向连通分支可以按优胜顺序排列. 于是在一般的

循环赛中可以按下列程序排出名次.

（1）在 4 个或者更多个顶点的各个双向分支中，利用特征向量 $s$ 排选手的名次；在 3 个顶点的双向分支中，3 个选手的排名采用其他方式.

（2）把这些双向连通分支按优胜次序排列成 $D_1, D_2, \cdots, D_m$，即若 $i<j$，则凡是一个端点在 $D_i$ 中，另一个端点在 $D_j$ 中的每条弧，其头部都在 $D_j$ 中.

（3）综合（1）和（2）的排名，得到总排名.

## 1.4　Dijkstra 算法应用

随着我国经济的高速发展，人民生活水平大幅提高，大多数家庭都以轿车作为日常的交通工具，但是道路等基础设施的建设却远远不能满足日益增长的需求，因此在大城市里，乘坐公共交通工具出行必将成为日后人们主要的出行方式，而在各种公共出行方式中，地铁无疑是最可靠的. 事实上，在大中型城市，地铁建设正如火如荼地进行. 尤其是特大城市，例如上海已经拥有近 20 条地铁线路，从而形成了一个较复杂的地铁网络. 面对这样复杂的地铁网络，人们面临的首要问题就是如何选择最佳的搭乘线路，而对于地铁运行商来说，一个现实的问题就是如何制定地铁票的价格标准. 本节我们将以南京部分地铁线路为例，讨论如何建立数学模型来解决这两个问题. 图 1.15 所示是南京地铁 1~4 号线部分主要站点线路草图.

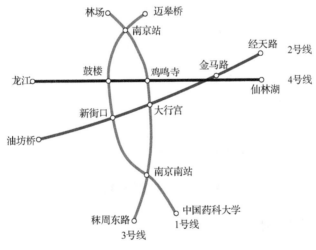

**图 1.15　地铁示意图**

### 1.4.1　最佳乘车路线问题

**问题描述**　随着公共交通的飞速发展，地铁网络越来越复杂，对于同一目的地，人们有多种乘车路线可选择，那么究竟哪一种路线才是最佳的呢？

**思路分析**　假设我们希望从甲站前往乙站，哪些因素会影响我们的乘坐时长？第一，各条线路的运行速度是不一样的；第二，换乘时可能会消耗一定时间；第三，所选择的线路的总运行距离不同. 而这些因素都和出行所在时间段是否在高峰期相关, 因此我们可以根据出行时间段以及前 3 个因素的实际情况选择出行线路.

**模型建立**　首先, 我们根据已知地铁线路建立一张简图, 对于每一条线路所经站点按顺序用一列点表示, 并且在相邻站点之间用一条线段连接. 对于两不同线路共同的站点, (即可更换线路的站点)用线段连接.

其次, 根据出行所在时段的实时数据, 给每段线段分别赋值.

(1) 对于同一线路上两个相邻站点之间的线段赋值为两点之间距离除以线路运行速度, 再加上站点停靠时间.

(2) 对于不同线路的换乘点之间的线段赋值为换乘时间.

**模型求解**　根据上两步构造一张图, 例如图 1.16 就是根据图 1.15 画出的用于计算最佳乘车路线的图, 如果给出某时段的运行时间和换乘时间, 就可以对该图赋权并运用 Dijkstra 算法计算出甲、乙两站点间的最佳乘坐线路和所需时间.

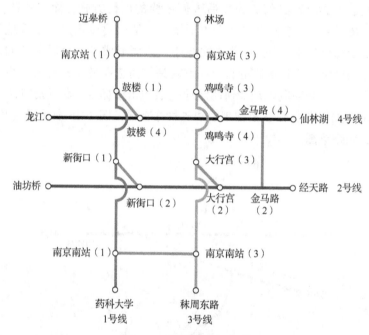

图 1.16　地铁换乘示意图

### 1.4.2　票价定制问题

**问题描述**　如何制定合理的地铁票价?

**思路分析**　从运行成本的角度, 票价应只与乘坐距离有关, 由于目前还无法全线跟踪每一乘客的详细乘坐线路, 故公平起见, 只能默认乘客所选线路是运行距离最短的.

**模型建立**　由于列车停靠与线路换乘与运行距离无关, 因此不能计入票价, 故我们对 1.4.1 节中的简图和赋值做如下修改.

(1) 将两条线路的公共站点(换乘点)合成一个点, 即将这两点之间的线段收缩掉.

(2) 对于两相邻站点之间的线段赋值为两点之间的距离或赋值为 1.

**模型求解**　图 1.17 就是由图 1.16 构造出的用于计算站点数目的图(边的赋权为两站

点之间的站点数目），同样运用 Dijkstra 算法可以算出任意两站点之间的距离或经过的最少站点的个数，按距离或站点的数目给出票价.

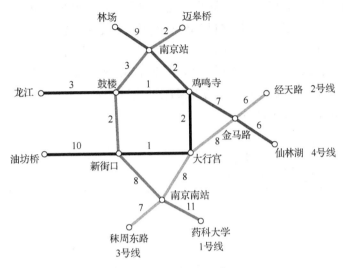

**图 1.17　地铁赋权示意图**

在本模型中，我们还可以假设地铁网络是连通的，即任意两个站点之间是可以互相到达的. 如果不连通，则需要用其他交通方式补充，本模型中暂不考虑，留给读者思考.

## 1.5　Kruskal 算法应用

**问题描述**　为了改善某地区的交通，国家决定建设连接该地区的各个主要城镇的小型铁路网络. 试根据表 1.4 设计经济、合理的铁路网络.

**思路分析**　建造铁路网络的主要目的是连接主要城镇，最基本的要求是居民可以在任意两个城镇之间通过该铁路网络通行. 在保证满足这一基本要求的基础上，我们要尽量节约建造成本.

我们知道铁路建造成本与地形的关联相当密切，例如修建穿山隧道和铁路桥的成本比在正常路面架设轨道的成本要高得多，因此在设计线路时要根据实际情况尽量选择较易架设的路段，避免河流、山路. 表 1.4 中给出了临城县 6 个乡镇两两之间建设铁路的可行性及成本.

**表 1.4　建设铁路的可行性及成本**

|  | 太平乡 | 万寿乡 | 临城镇 | 长庆乡 | 新港镇 | 张庄乡 |
|---|---|---|---|---|---|---|
| 太平乡 |  | 4 | 2 | 3 | 5 | 无 |
| 万寿乡 | 4 |  | 5 | 6 | 无 | 2 |
| 临城镇 | 2 | 5 |  | 4 | 无 | 4 |
| 长庆乡 | 3 | 6 | 4 |  | 3 | 无 |
| 新港镇 | 5 | 无 | 无 | 3 |  | 无 |
| 张庄乡 | 无 | 2 | 4 | 无 | 无 |  |

**模型建立** 我们可以用点来表示每个乡镇，根据实际情况判定任意两个城镇建立直通铁路的可行性以及所需成本，对于可以建立线路的两个乡镇所代表的点之间连上一条边，并且赋上经过核算后的最低造价。这样我们就得到了一张赋权图，如图1.18(a)所示。

**模型求解** 显然，在所有城镇之间都建立直通铁路是相当浪费的，因此我们只需在这张图中，找到一个连通的、权重最小的子图，该图即对应着总造价最低的设计。因为边数最少的连通图是树，因此我们也称该图为最小支撑树。根据此最小支撑树，在每条边所连接的城镇间按照赋权时的成本所对应的方案施工建造即可。我们可以利用 Kruskal 算法给出一种最优解，如图1.18(b)所示。

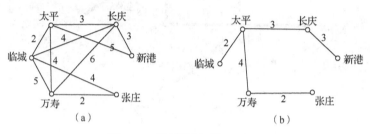

**图 1.18 地铁最低赋权示意图**

# 1.6 匹配算法应用

**问题描述** 随着经济的快速发展，城市规模日益膨胀，城市道路日趋复杂，这就给应对突发事件带来了很大的困难。以罪犯逃逸为例，某城市警方需要在短时间内封锁市区内各主要出口，并抓捕逃犯，但警力有限而且分散在全市各地，表1.5所示是某城市中各出警点到城市各个主要出入口的出警时间(单位：min)，该如何安排出警呢？

**表 1.5 某城市各出警点到各主要出入口的出警时间**

| 单位＼路口 | 解放路口 | 南翔路口 | 东方路口 | 人民路口 | 益民路口 |
|---|---|---|---|---|---|
| 开发区派出所 | 12 | 22 | 21 | 25 | 27 |
| 城中派出所 | 21 | 16 | 25 | 8 | 23 |
| 刘巷派出所 | 13 | 22 | 25 | 26 | 16 |
| 西山派出所 | 21 | 12 | 22 | 22 | 12 |
| 古桥派出所 | 20 | 21 | 13 | 23 | 12 |
| 交警总队 | 21 | 25 | 12 | 9 | 21 |

**思路分析** 当犯罪行为发生后，犯罪分子的逃逸线路并无规律，不易预测，我们无法保证及时有警力到场，因此封锁拦截是一个较有效的办法。而要做到及时封锁道路，我们需要对城市道路通行情况非常熟悉，了解每一路段的通行情况以及对应的有效封锁路口位置。在安排警力出警时，主要考量的是在尽量短的时间内到达各个封锁路口。

**模型建立** 基于上述分析可以建立如下模型：当犯罪行为发生时，根据当时的交通通行情况，估算出犯罪分子到各个主要出口所需时间 $t$. 分别计算出各警点的警力到达这些主要路口的时间. 我们用顶点集 $X=\{x_1,x_2,\cdots,x_m\}$ 表示所有的路口，$Y=\{y_1,y_2,\cdots,y_n\}$ 表示各出警点，建立一个赋权的完全二部图. 分别以 $X$ 和 $Y$ 作为二部图的两个部分，对于每一条由路口与出警点连接的边赋上出警点到达路口所需的时间. 要实现封锁，必须保证在一定时间内每个路口都有警力到达，即在图中找到一个饱和的匹配且匹配中的每一条边的权重都要不超过 $t$.

虽然我们建立的图是完全二部图，但是由于时间限制，我们舍去了那些权重大于 $t$ 的边，因此该问题转化为求一般二部图的饱和 $X$ 的匹配.

**模型求解**　我们可以运用匈牙利算法来求解. 如图 1.19 和图 1.20 所示分别是本例中 $t=20$ 和 $t=15$ 时所得到的二部图，以及用匈牙利算法求得的匹配.

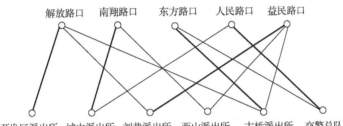

**图 1.19　$t=20$ 时的二部图及匹配**

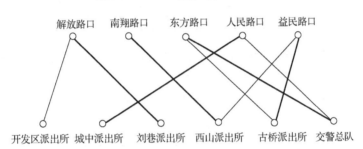

**图 1.20　$t=15$ 时的二部图及匹配**

在本例中，我们可以发现图中的最大匹配不是唯一的. 如果我们进一步要求各出警点出警所需的总时间最短，则可以利用 1.1.5 节的 Kuhn-Munkres 找出最优匹配，从而给出最佳的安排.

# 1.7　习题

1. 根据某次社团活动人员的熟识情况，绘制一张社团的人员关系图.
2. 试编写程序保存与读取图的信息.
3. 分别列举哪些实际问题可以转化为完全图、二部图和树.
4. 某公司在 6 个城市 $C_1,C_2,\cdots,C_6$ 中都有分公司. 从 $C_i$ 到 $C_j$ 的直接航程票价为下述矩阵中的第 $(i,j)$ 元素（$\infty$ 表示无直接航路）.

$$\begin{pmatrix} 0 & 50 & \infty & 40 & 25 & 10 \\ 50 & 0 & 15 & 20 & \infty & 25 \\ \infty & 15 & 0 & 10 & 20 & \infty \\ 40 & 20 & 10 & 0 & 10 & 25 \\ 25 & \infty & 20 & 10 & 0 & 55 \\ 10 & 25 & \infty & 25 & 55 & 0 \end{pmatrix},$$

该公司想算出一张任意两个城市之间的最低票价路线表. 试给出这样的表.

5. 已知某大学要建立理学部下属的数学、物理、化学、生物、海洋、力学 6 个系科之间的局域网，使得任意两个学院间可以实现通信和信息共享，请根据表 1.6 中各个系科的地理距离，设计一个费用最低的局域网.

**表 1.6　各系地理距离**

| | 数学系 | 物理系 | 化学系 | 生物系 | 海洋系 | 力学系 |
|---|---|---|---|---|---|---|
| 数学系 | 0 | 559 | 346 | 21 | 507 | 595 |
| 物理系 | 559 | 0 | 209 | 573 | 775 | 704 |
| 化学系 | 346 | 209 | 0 | 364 | 684 | 676 |
| 生物系 | 21 | 573 | 364 | 0 | 512 | 605 |
| 海洋系 | 507 | 775 | 684 | 512 | 0 | 131 |
| 力学系 | 595 | 704 | 676 | 605 | 131 | 0 |

6. 根据所在地道路现况，设计连接全市各主要城市分中心的地铁或快速公交线路.

7. 设计算法找出竞赛图的各个双连通分支.

8. 用本章所学排名方法给出表 1.7 所示比赛的最终排名。

**表 1.7　比赛胜负情况**

| | A | B | C | D | E | F | G | H | I | J |
|---|---|---|---|---|---|---|---|---|---|---|
| A | | 胜 | 胜 | 胜 | 胜 | 胜 | 负 | 负 | 胜 | 胜 |
| B | 负 | | 胜 | 负 | 负 | 胜 | 负 | 负 | 负 | 负 |
| C | 负 | 负 | | 负 | 负 | 负 | 负 | 负 | 负 | 负 |
| D | 负 | 胜 | 胜 | | | 胜 | 胜 | 负 | 胜 | 胜 |
| E | 负 | 胜 | 胜 | 负 | | 负 | | 负 | | |
| F | 负 | 负 | 胜 | 负 | 胜 | | 负 | | 胜 | 负 |
| G | 胜 | 胜 | 胜 | 胜 | 胜 | 胜 | | 负 | 胜 | 负 |
| H | 胜 | 胜 | 胜 | 胜 | 胜 | 胜 | 胜 | | 胜 | 胜 |
| I | 负 | 胜 | 胜 | 负 | | 胜 | 负 | 负 | | 负 |
| J | 负 | 胜 | 胜 | 负 | 胜 | 胜 | 胜 | 负 | 胜 | |

9. 参照中国职业篮球联赛各队上赛季比赛成绩，利用本节给出的排名方式给出各队的排名.

10. 根据校园布局给出从本系所在建筑出发，到其他各个建筑的最佳路线.

11. 课程安排设计：

（1）从学院教务员处了解本学院的开课情况，给出一个合理的课程安排；

（2）了解本学院的各位老师的授课专长以及学院下学期的开课需求，给出授课安排.

12. 某学校体育部同时开设了若干门不同项目的体育课，例如篮球、足球、健美操、羽毛球等，但每个项目人数都有上限，如何根据学生的意愿分班？

# 第2章 概率统计模型

统计学是关于认识客观现象总体数量特征和数量关系的科学. 它是通过搜集、整理、分析统计资料, 认识客观数量规律的方法论科学. 统计学是一门很古老的科学, 一般认为其学理研究始于古希腊的亚里士多德时代, 迄今已有两千三百多年的历史. 它起源于研究社会经济问题, 在两千多年的发展过程中, 统计学至少经历了"城邦政情""政治算数""统计分析科学" 3 个发展阶段. 概率论是数理统计方法的理论基础. 因统计学的研究方法具有客观、准确和可检验的特点, 从而成为实证研究、利用数量挖掘规律的重要手段. 目前它广泛适用于自然、社会、经济、科学技术各个领域的数据分析和研究. 统计模型是数学模型的重要组成部分, 尤其对具有大量数据的对象, 统计建模具有极其重要的作用. 从下面的例子可以领略到统计学的精彩之处.

二战时期, 为了提高飞机的防护能力, 英国的科学家、设计师和工程师决定给飞机增加护甲. 但为了不过多加重飞机的负载, 护甲必须加在最必要的地方, 那么是什么地方呢? 这时统计学家上阵了, 他们将每架中弹但仍返航的飞机的中弹部位描绘在图纸上, 然后将这些图重叠, 形成了一个密度不均的弹孔分布图. 统计学家拿着这张分布图, 指着那些没有弹孔的地方说, 这就是要增加护甲的地方, 因为这地方中弹的飞机都没能返回.

有一种说法, 21 世纪是数据的世纪. 随着计算机和网络的高度发展, 计算机可以处理的数据量也成千成万倍地不断增长, 而网络技术的不断发展则为大量数据的高速传输提供了极好的平台。

随着数据库的应用和普及, 海量的数据正在各行各业不断涌现, 人们第一次真正体会到数据海洋的无边无际. 面对如此巨量的数据资源, 人们迫切需要新技术和新工具, 以从海量的数据中找出我们需要的信息, 帮助我们解决问题, 进行科学的决策. 由此, 数据挖掘应运而生. 作为一门新兴的学科, 数据挖掘就是对观测到的数据集或庞大数据集进行分析, 目的是发现未知的关系和以对数据工作者有用的方式总结数据, 提炼数据.

在各种层出不穷的新方法中, 统计分析作为对数据处理的有用工具, 在其中占有举足轻重的地位. 大量的数据挖掘工作, 就其本质而言, 就是对于这些海量数据的统计处理.

基于此, 本章将引入一些常用的概率统计模型, 这些模型都是当前处理实际问题时常用的重要工具. 通过对这些模型的介绍和对处理方法的阐述, 让读者可以更快地掌握这些模型背后的统计思想, 了解这些模型可用于处理哪些统计问题, 以及在实践中, 人们是如何利用这些统计工具对数据进行深入分析和挖掘的.

由于统计方法非常多, 本章只挑选了 4 种目前比较流行的数据处理方法来做介绍, 分别是蒙特卡洛方法、马尔科夫过程、逻辑回归模型、聚类分析, 其大致流程如图 2.1 所示.

第2章微课

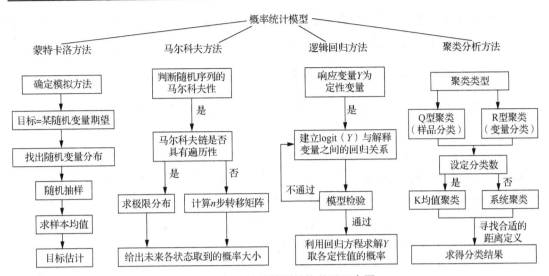

**图 2.1　概率统计模型结构关系示意图**

# 2.1　概率统计模型的基本理论

## 2.1.1　蒙特卡洛方法的一般原理

蒙特卡洛方法的基本思想：首先构造一个概率空间，然后在该概率空间中确定一个依赖于随机变量 $X$（任意维）的统计量 $g(X)$，其数学期望

$$E(g(X)) = \int g(x)\,\mathrm{d}F(x)$$

正好等于所要求的值 $G$，其中 $F(x)$ 为 $X$ 的分布函数. 然后产生随机变量的简单子样 $X_1$，$X_2$，$\cdots$，$X_N$，用其相应的统计量 $g(X_1)$，$g(X_2)$，$\cdots$，$g(X_N)$ 的算术平均值

$$\overline{G}_N = \frac{1}{N} \sum_{i=1}^{N} g(X_i)$$

作为 $G$ 的近似估计.

由以上过程可以看出，用蒙特卡洛方法解题的基本步骤如下.

（1）确定所要模拟的目标以及实现这些目标的随机量，一般情况下，目标就是这些随机变量的期望.

（2）找到原问题中随机变量的分布规律.

（3）大量抽取随机样本（在如今的计算机时代，一般是利用计算机抽取相应分布的伪随机数来作为随机样本）以模拟原问题的随机量.

（4）求出随机样本的样本均值.

其中最关键的一步是确定一个统计量，其数学期望正好等于所要求的值.

如果确定数学期望为 $G$ 的统计量 $g(X)$ 有困难，或为其他目的，蒙特卡洛方法有时也用 $G$ 的渐近无偏估计代替一般过程中的无偏估计 $\overline{G}_N$，并用此渐近无偏估计作为 $G$ 的近似估计.

蒙特卡洛方法的最低要求是，能确定这样一个与计算步数 $N$ 有关的统计估计量 $\overline{G}_N$——当 $N \to \infty$ 时，$\overline{G}_N$ 便依概率收敛于所要求的值 $G$.

### 2.1.2 马尔科夫方法的一般原理

给定随机序列 $\{X_n,\ n \geq 0\}$，如果对任何一列在状态空间 $E$ 中的状态 $i_1, i_2, \cdots, i_{k-1}, i, j$，及对任何 $0 \leq t_1 < t_2 < \cdots < t_{k-1} < t_k < t_{k+1}$，$\{X_n,\ n \geq 0\}$ 满足马尔科夫性质

$$P(X_{t_{k+1}} = j \mid X_{t_1} = i_1,\ \cdots,\ X_{t_{k-1}} = i_{k-1},\ X_{t_k} = i) = P(X_{t_{k+1}} = j \mid X_{t_k} = i),$$

则称 $\{X_n,\ n \geq 0\}$ 为离散时间马尔科夫过程，通常也可以称为马尔科夫链(或马氏链). 如果状态空间 $E$ 是有限集，则称 $X_n$ 是有限马尔科夫链.

马尔科夫链 $\{X_n,\ n \geq 0\}$ 在时刻 $m$ 处于状态 $i$ 的条件下，在时刻 $m+n$ 处转移到状态 $j$ 的条件概率称为 $n$ 步转移概率，记为 $P(X_{m+n} = j \mid X_m = i)$.

由于马尔科夫链在时刻 $m$ 从任意一个状态 $i$ 出发，经过 $n$ 步到时刻 $m+n$，必然转移到状态空间 $E$ 中的某个状态，因此很自然地得到对任何 $i \in E$，任意整数 $m \geq 0$，$n \geq 1$，有

$$\sum_{j \in E} P(X_{m+n} = j \mid X_m = i) = 1.$$

如果 $n$ 步转移概率 $P(X_{m+n} = j \mid X_m = i)$ 与 $m$ 无关，则称 $\{X_n,\ n \geq 0\}$ 为齐次马尔科夫链. 对于齐次马尔科夫链 $\{X_n,\ n \geq 0\}$，它与起始时刻无关，只与起始时刻与终止时刻的时间间隔 $n$ 有关，于是记

$$p_{ij}(n) = P(X_{m+n} = j \mid X_m = i) = P(X_n = j \mid X_0 = i),$$

当 $n = 1$ 时，称 $p_{ij}(1)$ 为(一步)转移概率，通常记 $p_{ij}(1) = p_{ij}$.

显然，$n$ 步转移概率 $p_{ij}(n)$ 满足以下条件.

(1) $0 \leq p_{ij}(n) \leq 1$，对一切 $i$，$j = 0,\ 1,\ 2,\ \cdots$

(2) $\sum\limits_j p_{ij}(n) = 1$，对一切 $i = 0,\ 1,\ 2,\ \cdots$

将 $n$ 步转移概率 $p_{ij}(n)$ 写成矩阵形式，有

$$P(n) = \begin{pmatrix} p_{00}(n) & p_{01}(n) & p_{02}(n) & \cdots \\ p_{10}(n) & p_{11}(n) & p_{12}(n) & \cdots \\ p_{20}(n) & p_{21}(n) & p_{22}(n) & \cdots \\ \vdots & \vdots & \vdots & \ddots \end{pmatrix}.$$

$P(n)$ 称为齐次马尔科夫链 $\{X_n,\ n \geq 0\}$ 的 $n$ 步转移概率矩阵. 对于有限齐次马尔科夫链，$P(n)$ 是一个有限阶方阵，否则 $P(n)$ 是一个无限阶方阵. 当 $n = 1$ 时，称 $P(1)$ 为(一步)转移概率矩阵，通常记 $P = P(1)$，即一步转移概率矩阵

$$P = \begin{pmatrix} p_{00} & p_{01} & p_{02} & \cdots \\ p_{10} & p_{11} & p_{12} & \cdots \\ p_{20} & p_{21} & p_{22} & \cdots \\ \vdots & \vdots & \vdots & \ddots \end{pmatrix}.$$

由查普曼-柯尔莫哥洛夫方程，设 $\{X_n,\ n \geq 0\}$ 是齐次马尔科夫链，则对任意的非负整数 $k$，$l$，任意的 $i$，$j \in E$，总有

$$p_{ij}(k+l) = \sum_{r \in E} p_{ir}(k) p_{rj}(l).$$

查普曼-柯尔莫哥洛夫方程的矩阵形式为 $P(k+l) = P(k)P(l)$，由此可推出 $P(n) = P^n$.

**1. 马尔科夫链的收敛性**

当 $n \to \infty$ 时，马尔科夫链的 $n$ 步转移概率 $p_{ij}(n)$ 会趋向于常数吗？

这个问题是有实际意义的. 例如，可以分析某个生物群体最终灭绝的概率. 设 $X_n$ 表示在时刻 $n$ 该生物群体的数量，$n \geqslant 0$. 如果最初生物群体的数量 $X_0 = i(i > 0)$，那么灭绝的概率是

$$\lim_{n \to \infty} P(X_n = 0 \mid X_0 = i) = \lim_{n \to \infty} p_{i0}(n).$$

例如，对于一步转移概率矩阵 $P = \begin{pmatrix} 1-a & a \\ b & 1-b \end{pmatrix}$，

当 $a+b > 0$ 时，我们得到

$$P(n) = \frac{1}{a+b} \begin{pmatrix} b & a \\ b & a \end{pmatrix} + \frac{(1-a-b)^n}{a+b} \begin{pmatrix} a & -a \\ -b & b \end{pmatrix}$$

当 $0 < a+b < 1$ 时，$\lim\limits_{n \to \infty}(1-a-b)^n = 0$，则 $\lim\limits_{n \to \infty} P(n) = \frac{1}{a+b} \begin{pmatrix} b & a \\ b & a \end{pmatrix}$.

如果该马尔科夫链的状态空间 $E = \{1, 2\}$，则

$$\lim_{n \to \infty} p_{i1}(n) = \frac{b}{a+b}, \quad \lim_{n \to \infty} p_{i2}(n) = \frac{a}{a+b}, \quad i = 1, 2.$$

易见，这些极限与起始状态 $i$ 无关.

**2. 马尔科夫链的极限分布与平稳分布**

给定马尔科夫链 $\{X_n, n \geqslant 0\}$. 如果对任意一个 $j \in E$（其中 $E$ 是状态空间），$n$ 步转移概率的极限

$$\lim_{n \to \infty} p_{ij}(n) = \pi_j$$

对一切 $i \in E$ 存在且与 $i$ 无关，则称 $\{X_n, n \geqslant 0\}$ 具有遍历性，或称 $\{X_n, n \geqslant 0\}$ 为遍历的齐次马尔科夫链. 当 $\sum\limits_j \pi_j = 1$ 时，称 $\{\pi_j, j \in E\}$ 为 $\{X_n, n \geqslant 0\}$ 的**极限分布**.

由于 $0 \leqslant p_{ij}(n) \leqslant 1$，所以定义中的 $\pi_j$ 总是满足 $0 \leqslant \pi_j \leqslant 1$，$j \in E$.

给定马尔科夫链 $\{X_n, n \geqslant 0\}$，状态空间为 $E$. 如果存在一个概率分布 $\{q_j, j \in E\}$，使得一步转移概率 $p_{ij}$ 满足 $q_j = \sum\limits_i q_i p_{ij}$，$j \in E$，则称 $\{q_j, j \in E\}$ 为马尔科夫链 $\{X_n, n \geqslant 0\}$ 的**平稳分布**.

平稳分布定义等式的矩阵形式可以写为

$$q = qP,$$

其中，$P$ 是一步转移概率矩阵，$q$ 为列向量 $(q_1, q_2, \cdots)'$.

**3. 马尔科夫链平稳分布与遍历性之间的关系**

当马尔科夫链具有遍历性时，极限分布 $\pi_j$ 必定存在且唯一. 当马尔科夫链不具有遍历性时，极限分布必定不存在，而平稳分布可能存在且不唯一.

当有限马尔科夫链具有遍历性，极限分布必定是平稳分布；当无限马尔科夫链具有遍

历性，如果极限分布存在，则极限分布必定是平稳分布.

因此，如果马尔科夫链具有遍历性，可以从平稳分布来探讨它的极限分布.

马尔科夫链遍历性的直观意义在于无论从哪个初始状态出发，当转移步数充分大时，到达任意一个状态的概率是一个常数. 也就是说，无论初始分布是什么样的，转移步数充分大后，最终的概率分布都是一样的.

### 2.1.3　逻辑回归方法的一般原理

**1. logit 变换**

当响应变量 $Y$ 是二分类变量时，可以采用一种被称为 logit 变换的方法来转换概率的值. 设 $Y$ 取值为 1 的概率为 $p$，$p \in (0, 1)$，logit 变换将概率 $p$ 所在区间 $(0, 1)$ 转换为实数轴 $(-\infty, +\infty)$，从而可作为回归的响应变量，其形式如下

$$\text{logit}(p) = \ln\left(\frac{p}{1-p}\right).$$

$\frac{p}{1-p}$ 是用来描述事件发生强度的统计指标，称为优势（odds），也叫好坏比. 可以看到，$Y=1$ 的概率越大，即 $p$ 值越大，事件发生的优势也越大.

设有一个自变量 $x$，用 $\text{logit}(p)$ 与 $x$ 建立起回归关系为

$$\text{logit}(p) = \beta_0 + \beta_1 x + \varepsilon,$$

这里的 $\beta_0$，$\beta_1$ 为回归系数，$\varepsilon$ 为随机误差.

用回归方法求出回归系数 $\beta_0$，$\beta_1$，代入上式，经过简单运算可得下式

$$p = p(Y=1 \mid x) = \frac{e^{\beta_0 + \beta_1 x}}{1 + e^{\beta_0 + \beta_1 x}},$$

$$q = 1 - p = p(Y=0 \mid x) = \frac{1}{1 + e^{\beta_0 + \beta_1 x}},$$

此即逻辑回归模型.

如果解释变量不止一个，则可以将一元逻辑回归推广到多元逻辑回归，得到如下模型

$$\text{logit}(p) = \ln\left(\frac{p}{1-p}\right) = \beta_0 + \beta_1 x_1 + \beta_2 x_2 + \cdots + \beta_m x_m + \varepsilon.$$

即可类似求得 $Y=1$ 的概率

$$p = \frac{e^{\beta_0 + \beta_1 x_1 + \beta_2 x_2 + \cdots + \beta_m x_m}}{1 + e^{\beta_0 + \beta_1 x_1 + \beta_2 x_2 + \cdots + \beta_m x_m}}.$$

**2. 检验回归系数**

对回归系数的检验即检验每个解释变量对响应变量的影响是否有统计学上的意义. 若有 $m$ 个回归系数 $\beta_1$，$\cdots$，$\beta_m$，假设检验为

$$H_0: \beta_j = 0, \quad H_1: \beta_j \neq 0 (j = 1, 2, \cdots, m).$$

常用的回归系数检验方法有 Wald$\chi^2$ 统计量法.

Wald$\chi^2$ 统计量的计算公式为

$$\text{Wald}\chi^2 = [\hat{\beta}_j / se(\hat{\beta}_j)]^2.$$

式中分子为解释变量的参数估计值，分母为参数估计值 $\mathrm{Wald}\hat{\beta}_j$ 的标准误. 在原假设成立的情况下，$\mathrm{Wald}\chi^2 \sim \chi^2(1)$. 当 $\mathrm{Wald}\chi^2 > \chi^2_{0.95}(1) = 3.841$ 时，即可在检验水平 $0.05$ 基础上拒绝 $H_0$，认为该解释变量对响应变量有显著影响.

**3. 模型评价**

一般情况下，$\mathrm{Wald}\chi^2$ 检验的结果趋向于保守. 当样本量较小时，可能会产生一个很大的标准误，从而导致 $\mathrm{Wald}\chi^2$ 值变得很小，增加犯第二类错误的可能性. 这种情况下采用似然比检验更为可靠. 当 $\mathrm{Wald}\chi^2$ 检验与似然比检验结果出现不一致时，一般似然比检验的结果更为可取.

模型估计完成后，要评价模型有效匹配观测数据的程度. 若模型的预测值与对应的观测值有较高的一致性，则认为该回归模型拟合数据，即所谓"拟合优"，否则需重新估计模型，这就是拟合优度检验. 常用的检验统计量有皮尔逊 $\chi^2$、Deviance、HL 统计量等.

关于逻辑回归模型的实际应用，一般需要通过同期与非同期数据来验证其稳定性、精确性，从而提升效果. 同期数据通过 7：3 或者 6：4 分为建模集与验证集，通过建模集建立逻辑回归模型，在验证集上应用逻辑回归模型进行验证. 建模集与验证集在目标变量上的累积提升图（洛伦兹曲线）较为接近时，模型比较稳定.

建模集与验证集在目标变量的混淆矩阵上的 ROC 值大于等于 $0.75$ 时，模型较为准确.

## 2.1.4　聚类分析方法的一般原理

**1. 基本术语**

在进行聚类分析前，我们先给出一些定义. 首先要对距离进行定义，根据定义的距离才能将样品按距离远近进行聚类. 如何定义距离才能使聚类结果符合决策者的要求呢？实际应用中，根据不同的聚类对象，聚类分析一般分为 Q 型聚类和 R 型聚类两种.

- Q 型聚类：对样品进行分类处理，距离由样品相似性来度量.
- R 型聚类：对变量进行分类处理，距离由变量相似性来度量.

样品相似性的度量用来测度样本之间距离的远近，距离相差不大的分为一组，比如将成绩相近的学生分为一组；变量相似性的度量用来测度变量之间相关性的大小，将具有相同趋势的变量分为一组，比如将学生的数学成绩和物理成绩分为一组.

（1）样品相似性度量

样品相似性的度量包括闵可夫斯基距离、马氏距离和兰氏距离等.

- 闵可夫斯基距离：记 $x_i$ 为第 $i$ 个样品，$x_j$ 为第 $j$ 个样品，$x_{ik}$ 代表第 $i$ 个样品的第 $k$ 个变量取值，$d$ 代表变量总数，$q$ 为可以设定的参数，则第 $i$ 个样品和第 $j$ 个样品的闵可夫斯基距离 $d(x_i, x_j)$ 定义为

$$d(x_i, x_j) = \left( \sum_{k=1}^{d} |x_{ik} - x_{jk}|^q \right)^{\frac{1}{q}}.$$

按 $q$ 值的不同又可分为绝对距离（$q=1$）和欧氏距离（$q=2$），定义如下.

绝对距离

$$d(x_i, x_j) = \sum_{k=1}^{d} |x_{ik} - x_{jk}|.$$

欧氏距离

$$d(x_i, x_j) = \sqrt{\sum_{k=1}^{d} (x_{ik} - x_{jk})^2}.$$

欧氏距离较为常用，但在解决多元数据的分析问题时，不足之处就体现出来了。一是它没有考虑到总体变异对"距离"远近的影响，显然一个变异程度大的总体可能与更多样品靠近，即使它们的欧氏距离不一定最近；另外，欧氏距离受到变量量纲的影响，这对多元数据的处理是不利的。

为了克服欧氏距离的不足，"马氏距离"的概念诞生了。

● 马氏距离：设 $X_i$ 与 $X_j$ 是来自均值向量为 $\mu$，协方差矩阵为 $\Sigma(\Sigma>0)$ 的总体 $G$ 中的 $p$ 维样品，则两个样品间的马氏距离 $d_{ij}^2(M)$ 定义为

$$d_{ij}^2(M) = (X_i - X_j)' \Sigma^{-1} (X_i - X_j).$$

马氏距离又称为广义欧几里得距离。显然，马氏距离与上述各种距离的主要不同是它考虑了观测变量之间的关联性。如果各变量之间相互独立，即观测变量的协方差矩阵是对角矩阵，则马氏距离就退化为用各个观测指标的标准差的倒数作为加权数的加权欧几里得距离。马氏距离还考虑了观测变量之间的变异性，不再受各指标量纲的影响。将原始数据线性变换后，马氏距离保持不变。

● 兰氏距离：与闵可夫斯基距离符号说明一样，兰氏距离 $d_{ij}(L)$ 定义为

$$d_{ij}(L) = \frac{1}{d} \sum_{k=1}^{d} \frac{|x_{ik} - x_{jk}|}{x_{ik} + x_{jk}}.$$

它仅适用于一切 $X_{ij}>0$ 的情况，这个距离也可以克服各个指标之间量纲的影响。这是一个自身标准化的量纲，由于它对奇异值不敏感，特别适合用于高度偏倚的数据。不过，它同样没有考虑指标之间的关联性。

（2）变量相似性的度量

变量相似性的度量主要包括夹角余弦和相关系数等。

● 夹角余弦：设 $x_{ik}$ 代表第 $i$ 个变量的第 $k$ 个样品取值，$p$ 代表样品总数，则这第 $i$ 个变量和第 $j$ 个变量间的夹角余弦 $\cos\theta_{ij}$ 定义为

$$\cos\theta_{ij} = \frac{\sum_{k=1}^{p} x_{ik} x_{jk}}{\sqrt{\sum_{k=1}^{p} x_{ik}^2} \sqrt{\sum_{k=1}^{p} x_{jk}^2}}.$$

● 相关系数：经常用来度量变量间的相似性。$\bar{x}_i$ 代表第 $i$ 个变量 $x_i$ 的平均值，则第 $i$ 个变量和第 $j$ 个变量的相关系数 $r_{ij}$ 定义为

$$r_{ij} = \frac{\mathrm{cov}(x_i, x_j)}{\sqrt{\mathrm{var}(x_i)\mathrm{var}(y_j)}} = \frac{\sum_{k=1}^{p} (x_{ki} - \bar{x}_i)(x_{kj} - \bar{x}_j)}{\sqrt{\sum_{k=1}^{p} (x_{ki} - \bar{x}_i)^2 (x_{kj} - \bar{x}_j)^2}}.$$

无论是夹角余弦还是相关系数，其绝对值都小于等于 1。

采用不同的距离公式，会得到不同的聚类结果。在进行聚类分析时，可以根据需要

选择符合实际的距离公式. 在样品相似性度量中, 欧氏距离具有非常明确的空间距离概念, 马氏距离有消除量纲影响的作用; 如果对变量作了标准化处理, 通常可以采用欧氏距离.

**2. 聚类分析的一般步骤**

在具体运用中, 不妨试探性地选择几个距离公式分别进行聚类, 然后对聚类分析的结果进行比对分析, 以确定最合适的距离测度方法.

(1) 目标

在定义了样品或变量之间的距离后, 还需要设计聚类原则将样品或变量聚成多类. 如何定义类与类之间的距离? 如何确定样品或变量的类别来让类与类之间的距离达到最小?

(2) 聚类方法分类

根据聚类分析的不同方法, 可将其归为系统聚类和 $K$ 均值聚类等. 系统聚类按照距离的远近, 把距离接近的数据一步一步归为一类, 直到数据完全归为一个类别为止. $K$ 均值聚类首先人为确定分类数, 起步于一个初始的分类, 然后通过不断迭代把数据在不同类别之间移动, 直到最后达到预定的分类数为止.

- 系统聚类, 这种方法的基本思想是, 距离相近的样品先聚成类, 距离较远的则后聚成类, 这样的过程一直进行下去, 每个样品总能找到合适的类.

假设总共有 $n$ 个样品, 系统聚类方法的步骤如下.

第 1 步　将每个样品独自聚成一类, 共有 $n$ 类.

第 2 步　根据所确定的样品"距离"公式, 把距离较近的样品聚合成一类, 其他的样品仍各自为一类.

第 3 步　将"距离"最近的类进一步聚成一类.

……

以上步骤一直进行下去, 直至最后将所有的样品聚成一类. 为了直观地反映以上系统聚类过程, 可以把整个分类系统画成一张谱系图. 所以有时系统聚类也称为谱系分析.

对于系统聚类, 我们还需要定义类与类之间的距离, 由类间距离定义的不同会产生不同的系统聚类法. 常用的类间距离定义有最短距离法、最长距离法、中间距离法、重心法、类平均法、可变法和离差平方和法. 以下简单介绍一些常用的方法.

- 最短距离法: 定义两个类别中距离最短的样品距离为类间距离, 距离公式为

$$D_{pq} = \min\{d_{jl} \mid j \in G_p, \ l \in G_q\} = \min_{j \in G_p, l \in G_q}\{d_{jl}\}.$$

- 最长距离法: 定义两个类别中距离最长的样品距离为类间距离, 距离公式为

$$D_{pq} = \max\{d_{jl} \mid j \in G_p, \ l \in G_q\} = \max_{j \in G_p, l \in G_q}\{d_{jl}\}$$

- 重心法: 用两类的重心(样品的均值)间的距离作为两类的距离. 设 $G_p$ 和 $G_q$ 的重心分别为 $\bar{X}_p$ 和 $\bar{X}_q$, 则距离公式为

$$D_{pq}^2 = (\bar{X}_p - \bar{X}_q)'(\bar{X}_p - \bar{X}_q).$$

- 类平均法: 类平均法包括组间平均距离连接法和组内平均距离连接法. 设 $G_p$ 和 $G_q$ 分别有 $n_p$ 和 $n_q$ 个, 则距离公式为

$$D_G(p,q) = \frac{1}{n_p n_q} \sum_{i \in G_p} \sum_{j \in G_q} d_{ij}.$$

组间平均距离连接法将合并两类的结果，使所有两两项对之间的平均距离最小（项对的两成员分属不同类）；组内平均距离连接法是将两类合并为一类后，使得合并后的类中所有项之间的平均距离最小.

- $K$ 均值聚类，至少包括以下 4 个步骤.

第 1 步：将所有的样品分成 $K$ 个初始类.

第 2 步：逐一计算每一样品到各个类别中心点的距离，把各个样品按照距离最近的原则归入各个类别，并计算新形成类别的中心点.

第 3 步：按照新的中心位置，重新计算每一样品距离新的类别中心点的距离，并重新进行归类，更新类别中心点.

第 4 步：重复第 3 步，直到达到一定的收敛标准，或者达到分析者事先指定的迭代次数为止.

$K$ 均值聚类法和系统聚类法一样，都是以距离的远近为标准进行聚类，但是二者的不同之处也是明显的. 系统聚类对于不同的类数产生一系列的聚类结果，而 $K$ 均值聚类只能产生指定分类数的聚类结果. 不过因为事先指定了类别数，而且类别数远远小于记录个数，$K$ 均值聚类的速度往往要明显快于系统聚类法.

当数据量不大的时候，一般会利用系统聚类法，从而得到最佳聚类结果. 如果要聚类的数据量很大，那么利用系统聚类法会消耗大量计算时间，一般选择 $K$ 均值聚类法，可以大大减少计算时间.

## 2.2　蒙特卡洛模型应用

很多实际问题要么没有具体求解方法，要么求解方法非常复杂，这时往往可以采取蒙特卡洛方法（即随机模拟方法）解决问题. 例如，想求解一个不规则图形的面积，用矩形将不规则图形框住，将点随机地放入矩阵中，矩阵的面积乘以点落入不规则图形内的频率就是不规则图形面积的估计值.

蒙特卡洛是世界闻名的城市，蒙特卡洛方法借用了城市的名称，是以概率和统计理论方法为基础的一种计算机模拟方法，利用随机数来解决复杂的计算问题，将所求解的问题同一定的概率模型相联系，用计算机实现统计模拟或抽样，以获得问题的近似解. 随机试验次数越多，获得的近似解的精度也越高.

由于要得到高精度的结果需要进行海量实验，所以传统蒙特卡洛方法一直没有得到广泛的应用. 随着计算机技术的飞速发展，现在已经可以利用计算机来做大量实验，因此蒙特卡洛方法在近代得到了长足发展，在金融工程学、宏观经济学、计算物理学（如粒子输运计算、量子热力学计算、空气动力学计算）等领域都有广泛应用.

下面我们就以蒙特卡洛方法的几个经典例子来说明其思想，体会其用法.

### 2.2.1　投针算圆周率问题

**问题描述**　早在 1777 年，蒲丰（Georges Louis Leclere de Buffon，1707—1788）提出求

解圆周率的一个另类思路，其过程是首先在纸上画一组间距为 $a$ 的平行横线，然后随机往里投针，针长 $b(b<a)$，再计算针与线相交的频率，从而估计出圆周率，示意图如图 2.2 所示.

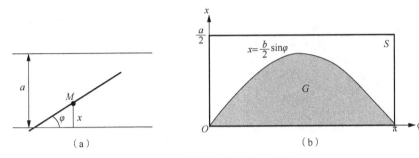

**图 2.2 蒲丰投针计算示意图**

**思路分析** 针是随机投到纸上的，其与线的夹角 $\varphi$ 在 $0\sim\pi$ 之间是等可能取到的. 另外，针的中点到最近一条线的垂直距离 $x$ 是在 $0\sim\dfrac{a}{2}$ 上等可能取到的，从而可知，任一针的位置可用针与线的夹角 $\varphi$ 和针的中心到最近一条线的垂直距离 $x$ 来代表，记为 $(\varphi,x)$，显然 $(\varphi,x)$ 在区域 $S$ 上是均匀分布的.

**模型建立** 图 2.2(a) 中，$\varphi$ 为针与线相交的角度，$x$ 为针中点到与其最近的平行线的距离，显然，$(x,\varphi)$ 代表了针的角度以及与线的位置关系. 注意到 $(x,\varphi)$ 在区域 $S$ 上是均匀分布的，而针与线相交的数学关系是 $x\leqslant\dfrac{b}{2}\sin(\varphi)$. 图 2.2(b) 所示是 $(x,\varphi)$ 的变化区域. 区域 $G$ 上的曲线就是 $x=\dfrac{b}{2}\sin(\varphi)$. 而区域 $G$ 的面积为 $G=\displaystyle\int_0^\pi \dfrac{b}{2}\sin(\varphi)\mathrm{d}\varphi=b$，而整个落针区域的面积为 $\dfrac{a\pi}{2}$. 所以，点 $(x,\varphi)$ 如果落在区域 $G$，则针线相交，这样，利用几何概型，计算得到针线相交的概率 $P$ 如下

$$P=\frac{2b}{\pi\cdot a}.$$

求出 $\pi$ 的值为

$$\pi=\frac{2b}{a\cdot P}\approx\frac{2b}{a}\left(\frac{N}{n}\right).$$

其中 $N$ 为总投针次数，$n$ 为针与平行线相交次数. 以针线相交的频数估计针线相交的概率，从而得到要估计的量 $\pi$.

**模型求解** 当初蒲丰的实验就是真实地投 3 408 次，并数出有多少针与平行线相交，得到相交的频率后代入计算式，从而求得 $\pi$ 的估计值为 355/113，很接近 $\pi$ 了. 读者可以亲自动手试验一下.

当然，我们完全可以利用计算机进行模拟实验. 利用 R 程序，下载 animation 包，然后加载该包，利用其中的 buffon.needle( ) 函数就可以随机模拟蒲丰投针试验以及相应的 $\pi$ 估计值的变化.

buffon.needle( namx = 50, interval = 0) 函数可以模拟 500 次蒲丰投针，结果如图 2.3 所示.

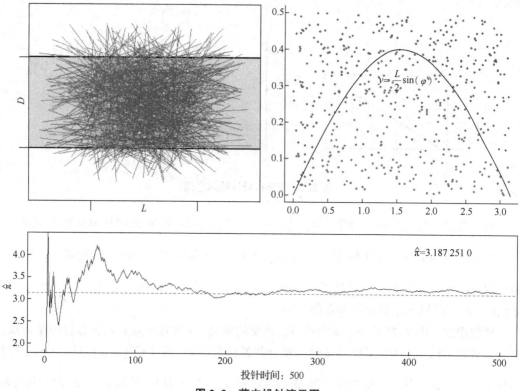

图 2.3　蒲丰投针演示图

可以发现随着投针次数的增加，频率逐渐趋于概率，π 的估计值也逐渐向 π 靠近，由于投针次数只有 500 次，结果与 π 尚有差距. 随着投针次数逐渐增加，π 的估计值会越来越接近真实值. 理论上已经证明，超过 80 万次的投针试验，可以保证 π 的 3 位有效数字准确，也就是得到 π 为 3.14.

### 2.2.2　交通路口堵车问题

城市交通是城市管理的重要部分，堵车问题是一个难治的"城市病". 要想制定治理对策，首先要了解堵车情况.

**问题描述**　如何通过蒙特卡洛方法来模拟一个车辆通过火车道口的交通情况？

**思路分析**　因为道路车辆的运行情况很随机，这时蒙特卡洛模型就是一个很有力的工具. 一般道路的交叉路口以十字路口比较常见. 十字路口有直行和左右转弯的车流. 为了帮助读者了解这个问题，我们先从简单的情形开始思考，例如考虑只有直行的车流的情况. 我们可以模拟一下，在路口亮红灯期间，会停下多少车？在下一次亮绿灯期间，这些车能不能及时通过道口？

假设以下情况：

（1）路口有来回两路车流，它们的到达数服从泊松分布，其泊松强度是一样的，如果不一样，取强度大的，记为 $a$；

（2）有两个速度，车流在绿灯时通过路口的平均速度为 $v$，红灯转为绿灯后，车辆由停转开，通过道口的平均速度为 $u$，显然 $v>u$。假定 $u=50\text{m/min}$，道口宽度为 50m；

（3）红灯亮的持续时间为 $c$，绿灯亮的持续时间为 $d$（在模拟例子中，假设 $c$ 为 1min，$d$ 为 5min）；

（4）黄灯亮的持续时间忽略，假定驾驶者看到红灯亮后可以立即停车；

（5）模拟开始时没有候车；

（6）模拟开始时刚由绿灯转为红灯；

（7）暂不考虑出现交通事故的可能.

**模型建立** 在亮绿灯期间，车子以速度 $v$ 正常驶过路口，不会拥堵. 亮红灯期间，车子停在路口，车子到达数按泊松分布，即在等候红灯的时间 $c$ 里，到达路口并停下等候的车为 $n$ 辆的概率为 $\mathrm{e}^{-ac}\dfrac{(ac)^n}{n!}$，$n=0,1,2,\cdots$，这里 $a$ 是到达强度，需要根据路口情况事先确定. 假如 $a=2$，$c=1$，那么在亮红灯时间段，到达路口等红灯的车辆数的概率如表 2.1 所示.

**表 2.1 亮红灯时路口车量数目出现的概率分布**

| 车数 | $n=0$ | $n=1$ | $n=2$ | $n=3$ | $n=4$ | $n=5$ | $n=6$ | $n>6$ |
|---|---|---|---|---|---|---|---|---|
| 概率 | 0.135 | 0.271 | 0.271 | 0.180 | 0.090 | 0.036 | 0.012 | 0.005 |
| 累积 | 0.135 | 0.406 | 0.671 | 0.857 | 0.947 | 0.983 | 0.995 | 1 |

**模型求解** 此处仅给出求解流程，如下所示.

（1）抽取 [0，1] 之间均匀分布的随机数，确定这次模拟路口停红灯的车数，例如，抽到 0.732，则这个数落在区间（0.671，0.857）的范围里，所以这次模拟停车数为 3.

（2）计算红灯转为绿灯后，在绿灯延续期间 $d$（如题设 5min）内，这部车以速度 $u$（如题设 50m/min）通过道口（如题设宽度 50m）共需时间 $t=(50/50)\times 3(\text{min})$，如果 $t>d$，那么道口发生堵塞，在本次模拟中 $t=3\text{min}$，没有发生堵塞.

（3）抽取随机数很多次，如 10 000 次，记下其中发生多少次堵塞，从而估算出路口发生堵塞的概率.

同样的思想可以模拟更复杂的情况，例如：

（1）一个多向交通交叉路口的车流情况（如十字路口），从而确定红绿灯的最佳交换时间；

（2）车辆到达强度是时间的函数，如早晚高峰时期，强度很大，夜间强度很低的情况；

（3）如果知道事故发生的概率，也可以模拟事故发生后，疏通交通需要的平均时间.

## 2.2.3 电梯问题

利用蒙特卡洛方法，可以对一些很难写出模型的表达式，或者表达式过于复杂，计算不可行的问题进行计算机随机模拟，从而得到在模型条件下的近似结果，以帮助我们了解实际问题.

**问题描述** 高层商务楼中一般配备了多部电梯，如何安排各部电梯的运行方式，使得既能保证大楼内各公司员工的正常工作和出行,又能降低能耗,节约成本?在一般高层商务楼中,经常采用的是分层或单双层的运行方式,或者某部电梯直达某层以上的方法,试建立一个适合的电梯运行方案(高峰时),并具体评价这些方案的优劣.

**思路分析** 评价电梯运行方案往往以电梯高峰期运行时间为依据.一般来说,可以预估电梯可能停靠楼层数、电梯运载次数、电梯停靠时间等参数来计算电梯高峰期运行总时间.但这种估计的方法十分粗略,可能与实际结果相差巨大.我们的目的是模拟电梯一次循环所需的平均时间,并设计电梯停靠方案以使这个时间最短.这里的主要随机量是各楼层乘客的到达数.因此可以考虑采用蒙特卡洛方法对电梯上下楼的方案进行随机模拟.

**模型建立** 在做出符合实际的模型假设后,对电梯上下楼的运行情况进行模拟.若参数设置合理,得到的结果将与实际情况十分吻合.对此,做出以下模型假设(文中的英文字符为参数):

(1)高层商务楼一共有 $fl$ 层,每层有 people 人上班;一共有 $n$ 部电梯,每部电梯最多承载 elvn 人;

(2)假设1~4层为商场,顾客上下楼不通过商务电梯,即认为1~4楼没有人等电梯;

(3)上下班时,一段时间内等电梯的员工数服从泊松分布,设平均每分钟到达 poisson 人;

(4)因为刚上班时选择下楼的人数很少,可以忽略下楼人数对电梯运营的影响.上班时认为不会有人下楼,同理,下班时认为不会有人上楼;

(5)电梯从启动到匀速运行需要时间,电梯加速比匀速多用的时间记为 elva,而电梯匀速经过一层楼需要 elvrun 秒(s),电梯加速需要 elvrun-elva 秒(s);

(6)电梯开关门需要时间.假设电梯开关门时间一样,为 elvclose 秒(s).员工进入电梯需要时间,假设每个人进入电梯需要 elvout 秒(s);

(7)不会有两部以上的电梯同时抵达同一层接员工;

(8)上班时,当电梯运载超过90%的员工上楼后,则认为高峰期结束,下班同理.

首先对下班高峰时期进行分析.选择3种电梯运行方案:方案一为 $n$ 部电梯每层楼都能抵达;方案二为单双层运行,即部分电梯只停单层,部分电梯只停双层;方案三为高低层电梯,部分电梯只达某高层以上,部分电梯只能到达某高层以下.

方案一的程序框图如图2.4所示,其中"时间"代表电梯由停靠到运行或者由运行到停靠所需要的时间.

若假设高层商务楼一共有25层,每层有100人上班,一共有6部电梯,每部电梯最多承载20人.电梯从启动到匀速需要时间,假设电梯能在一层楼的距离内由静止加速到匀速状态再减速到零,所需要的时间为1.5s,而电梯匀速经过一层楼需要1s,电梯开关门需要时间,开门需1s,关门需1s.员工进入电梯也需要时间,假设每个人进入电梯需要0.4s.

**模型求解** 采用方案一,编程输入相关参数即可对方案一进行模拟计算.

方案一基本编程思路如下.

由于电梯在上下行的过程中存在两种状态:停靠或运行,所以以电梯改变状态为循环依据.如果某电梯的状态即将发生改变,则一次循环结束.

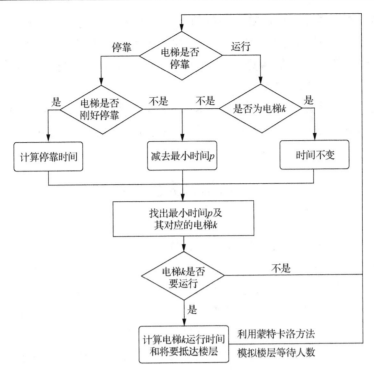

**图 2.4　方案一程序框图**

以此为思想，首先计算每个电梯到其状态改变所需要的时间，找出最短的时间 $p$ 以及对应的电梯 $k$；其次计算电梯 $i$ 到新的改变状态需要的时间，其余电梯到其状态改变的时间要减去时间 $p$. 按以上方法进行循环，对电梯运载进行模拟，此外还需要考虑电梯载满客后去一楼等特殊情况，停止准则为电梯运载超过 90% 的员工进入电梯.

类似地，对于方案二和方案三也可以编写相应的 MATLAB 程序，只需要对电梯 $k$ 将要抵达的楼层进行一定的限制即可.

此外，对于方案三，还需要找出最优临界层数使得电梯高峰期运行时间最短. 对当前问题的设定数据，编程可得最优临界层数为 16 楼，即 3 部电梯负责 5～15 楼，3 部电梯负责 16～25 楼.

**结果解读**　用 MATLAB 进行 3 次模拟，每次模拟对 3 种方案各模拟 10 000 次后取平均，单位为分钟，结果如表 2.2 所示。

**表 2.2　3 种方案模拟结果**

|  | 第一次模拟 | 第二次模拟 | 第三次模拟 |
|---|---|---|---|
| 方案一 | 13.255 5 | 13.254 8 | 13.254 0 |
| 方案二 | 13.318 6 | 13.321 1 | 13.319 8 |
| 方案三 | 13.088 2 | 13.087 2 | 13.089 0 |

显然，对题设数据，方案三运行时间最少，电梯分高低层的方法值得采纳. 方案一的优势在于每部电梯都能自由抵达各楼层，劣势在于低楼层员工不容易疏散，会出现高楼层

的员工都下楼了而低楼层还存在很多等待的员工；方案二时间最多的原因是 1~4 层没有人，商务楼高 25 层，所以负责单数楼层的电梯要比负责双数楼层的电梯多运载一层的人数；方案三可以缓解方案一的劣势，让 15 楼以下的员工能先行离开. 不过，还是会出现较多员工聚集在 5 楼或 16 楼的情况.

如果模型假设更贴合实际，利用蒙特卡洛方法可以得到更接近实际的结果. 上面提供的 MATLAB 程序可以通过修改各参数，得到不同情况下方案一的所需时间.

# 2.3　马尔科夫模型应用

清晨，你醒了，睁开双眼的你面临 3 个选择：继续睡一会，躺在床上听听音乐、看看手机，起床准备学习. 勤奋的你选择了去学习. 到了下午，你可能决定放松身心，娱乐一会. 晚上你又有其他的选择. 如果把每天分时段进行的活动看作是一个随机过程，而你做出的决定不取决于你之前干过什么，比如你决定下午玩耍一下和早上有没有看过书没有关系，那么这就是一个特殊的随机过程——马尔科夫过程.

把所有可能进行的活动总和记为状态空间 $E$，从某时刻开始的时间段记为 $n$，则上述例子可以描述为在状态空间 $E$ 下的马尔科夫过程 $\{X_n, n \geq 0\}$.

马尔科夫过程的特性在于未来的演变不依赖于它过去的演变. 例如，明天是否会下雨不依赖于昨天是否下雨，这种性质被称作无后效性.

现实中很多问题都可以看作马尔科夫过程，如布朗运动、传染病爆发过程、车站候车人流量等. 马尔科夫模型也在网站流量分析、教学质量评估、股票期权等方面得到了广泛的应用. 下面给出几个马尔科夫模型适用的典型问题.

## 2.3.1　疾病健康问题

**问题描述**　人的健康状态随着时间的推移会随机地发生转变，保险公司要对投保人未来的健康状态进行估计，以制订保险金和理赔金的数额. 人的健康状况分为健康和患病两种状态，设对特定年龄段的人，今年健康、明年保持健康状态的概率为 0.8，今年患病、明年转为健康状态的概率为 0.7. 若某人投保时健康，问 10 年后他仍处于健康状态的概率是多少？

**思路分析**　首先需要求解出状态转移概率矩阵，由马尔科夫链的基本方程，根据给定的 $a(0)$，可以预测 $a(n)$，这样就可以求出任意时间点的状态概率了.

本模型满足马尔科夫链的基本要求，即该人某年健康或患病的概率只与其前一年健康或患病状态有关，与再前面各年份健康情况无关.

**模型建立**　设 $X_n$ 表示第 $n$ 年投保人身体所处状态，记状态 $X_n = \begin{cases} 1, & \text{第 } n \text{ 年健康} \\ 2, & \text{第 } n \text{ 年患病} \end{cases}$，则

$X_n$ 是时间状态均离散的马尔科夫链，其中，状态概率 $a_i(n) = P(X_n = i)$，$i = 1, 2$；$n = 0$，$1, \dots$，转移概率 $p_{ij} = P(X_{n+1} = j \mid X_n = i)$，$i, j = 1, 2$；$n = 0, 1, \dots$.

健康状态与状态转移示意如图 2.5 所示.

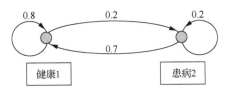

**图 2.5　健康状态与状态转移示意图**

转移方程如下

$$\begin{cases} a_1(n+1) = a_1(n)p_{11}+a_2(n)p_{21}, \\ a_2(n+1) = a_1(n)p_{12}+a_2(n)p_{22}. \end{cases}$$

给定 $a(0)$ ——→ 预测 $a(n)$，$n=1$，$2\cdots$

显然，转移概率矩阵为

$$P = \begin{pmatrix} 0.8 & 0.2 \\ 0.7 & 0.3 \end{pmatrix}.$$

**模型求解**　$X_{n+1}$ 只取决于 $X_n$ 和 $P_{ij}$，与 $X_{n-1}$，$\cdots$无关，状态转移具有无后效性，由马尔科夫链的基本方程，根据给定 $a(0)$，可以预测 $a(n)$，$n=1$，$2\cdots$

（1）设投保时健康，即 $a_1(0)=1$，$a_2(0)=0$，由此得到状态概率 $a(n)$ 如表 2.3 所示.

$$a_1(1) = a_1(0)p_{11}+a_2(0)p_{21} = 1\times0.8+0\times0.7 = 0.8$$
$$a_2(1) = a_1(0)p_{12}+a_2(0)p_{22} = 1\times0.2+0\times0.3 = 0.2$$

······

$$a_1(2) = a_1(1)p_{11}+a_2(1)p_{21} = 0.8\times0.8+0.2\times0.7 = 0.78$$
$$a_2(2) = a_1(1)p_{12}+a_2(1)p_{22} = 0.8\times0.2+0.2\times0.3 = 0.22$$

······

**表 2.3　投保时健康得到的状态概率**

| $n$ | 0 | 1 | 2 | 3 | $\cdots$ | $\infty$ |
|---|---|---|---|---|---|---|
| $a_1(n)$ | 1 | 0.8 | 0.78 | 0.778 | $\cdots$ | 7/9 |
| $a_2(n)$ | 0 | 0.2 | 0.22 | 0.222 | $\cdots$ | 2/9 |

（2）设投保时患病，即 $a_1(0)=0$，$a_2(0)=1$，由此类似得到状态概率 $a(n)$ 如表 2.4 所示.

**表 2.4　投保时患病得到的状态概率**

| $n$ | 0 | 1 | 2 | 3 | $\cdots$ | $\infty$ |
|---|---|---|---|---|---|---|
| $a_1(n)$ | 0 | 0.7 | 0.77 | 0.777 | $\cdots$ | 7/9 |
| $a_2(n)$ | 1 | 0.3 | 0.23 | 0.223 | $\cdots$ | 2/9 |

由此可知，当 $n\to\infty$ 时，状态概率趋于稳定值，稳定值与初始状态无关.

事实上，由前述一般例子，$a=0.2$，$b=0.7$，从而取状态 0 的极限概率为 $\dfrac{b}{a+b}=$

$\dfrac{0.7}{0.2+0.7}=\dfrac{7}{9}$，取状态 1 的极限概率为 $\dfrac{a}{a+b}=\dfrac{0.2}{0.2+0.7}=\dfrac{2}{9}$，与系统所处的初始状态无关.

也可用如下方式计算极限分布

$$P = \begin{pmatrix} 0.8 & 0.2 \\ 0.7 & 0.3 \end{pmatrix}.$$

$w$ 满足 $wP = w$，有

$$\begin{cases} 0.8w_1 + 0.7w_2 = w_1 \\ 0.2w_1 + 0.3w_2 = w_2 \end{cases} \Rightarrow 0.2w_1 = 0.7w_2.$$

$\sum_{i=1}^{2} w_i = w_1 + w_2 = 1$，从而得 $w = (7/9,\ 2/9)$.

若患病病人平均理赔金额为 2 000 元，投保期为 10 年，投保人数为 10 人，则由稳态概率可近似计算每年每人的投保金额 $x$（未考虑利息理论），由 $10 \times 10x = 2\,000 \times 2/9 \times 10$，从而得 $x = 44.4$（元）.

### 2.3.2 疾病健康死亡问题

**问题描述** 如果人的状态分为健康、疾病和死亡 3 种状态，记 $X_n = 1$ 表示 $n$ 年后投保人身体健康，$X_n = 2$ 表示投保人患病，$X_n = 3$ 表示投保人因疾病死亡. 若三种状态的转换概率如图 2.6 所示，问 $n$ 年后，该人处于 3 种状态的概率分别为多少?

**思路分析** 注意，在这个模型中多了一个状态 $X_n = 3$，即死亡，一旦投保人从状态 1 或状态 2 转移到此状态，则其就永久停在这个状态了. 这是和前一问题的最大不同. 因而状态 3 转到自身的转移概率永远是 1，不会再变回其他状态了. 再根据图 2.6，可以知道整个状态转移矩阵了.

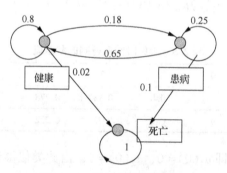

**图 2.6 3 种状态的转换概率**

**模型建立** 由于这里的状态 3 是吸收状态，也就是说，到这个状态后，将不再会改变为其他状态，所以模型和前面有一定的不同. 其转移矩阵为

$$P = \begin{pmatrix} 0.80 & 0.18 & 0.02 \\ 0.65 & 0.25 & 0.10 \\ 0.00 & 0.00 & 1.00 \end{pmatrix}.$$

由如下转移公式即可求得 $n+1$ 个时刻，该人在健康、患病或者死亡状态的概率.

$$a_1(n+1) = a_1(n)p_{11} + a_2(n)p_{21} + a_3(n)p_{31},$$

$$a_2(n+1) = a_1(n)p_{12} + a_2(n)p_{22} + a_3(n)p_{32},$$

$$a_3(n+1) = a_1(n)p_{13} + a_2(n)p_{23} + a_3(n)p_{33}.$$

**模型求解**　用 MATLAB 编程的一个程序如下.

```
n=input('n=')
A=zeros(3,n+1);
A(1,1)= input('a01=');
A(2,1)= input('a02=');
A(3,1)=1-A(1,1)-A(2,1);
for i=1:n
        A(1,i+1)=0.8*A(1,i)+0.65*A(2,i)+0*A(3,i);
        A(2,i+1)=0.18*A(1,i)+0.25*A(2,i)+0*A(3,i);
        A(3,i+1)=0.02*A(1,i)+0.1*A(2,i)+1*A(3,i);
end
A
```

从而可得每一时刻的状态与状态转移概率, 如表 2.5 所示.

表 2.5　同一时刻状态与状态转移概率

| $n$ | 0 | 1 | 2 | 3 | … | 50 | … | ∞ |
|---|---|---|---|---|---|---|---|---|
| $a_1(n)$ | 1 | 0.8 | 0.757 | 0.725 8 | … | 0.129 3 | … | 0 |
| $a_2(n)$ | 0 | 0.18 | 0.189 | 0.183 5 | … | 0.032 6 | … | 0 |
| $a_3(n)$ | 0 | 0.02 | 0.054 | 0.088 0 | … | 0.838 1 | … | 1 |

从表 2.5 看出, 无论初始状态是哪种情形, 当投保年份越来越多时, 最终投保人都会转到状态 3, 即投保人死亡. 一旦 $a_1(k)=a_2(k)=0$, $a_3(k)=1$, 则对于 $n>k$, 恒有 $a_1(n)=0$, $a_2(n)=0$, $a_3(n)=1$, 即从状态 3 不再会转移到其他状态. 该马尔科夫链被称为吸收链.

### 2.3.3　汽车工况问题

马尔科夫链在经济、社会、生态、遗传等许多领域中有着广泛的应用. 值得指出的是, 虽然它是解决随机转移过程问题的工具, 但是一些确定性系统的状态转移问题也能用马尔科夫链模型处理. 下面的实例就是马尔科夫链在汽车工况研究中的应用.

**问题描述**　汽车工厂要了解某一类重型汽车的行驶状况(工况), 来研究如何降低汽车油耗. 但重型汽车在公路上行驶时间一般很长, 且因为路况复杂, 速度变化很不均匀, 所以很难对重型汽车实际行驶状况进行分析. 需要模拟并在实验室重现能够代替实际汽车道路行驶的工况. 如何构造一定时间的汽车行驶工况, 且能代表重型汽车长时间的实际行驶状况, 从而可以在实验室对汽车发动机进行各种配置以找到最优配置?

**思路分析**　重型汽车在公路上行驶常常会因为路况、避让等原因造成速度间歇性地不均匀变化, 需要消除这些不必要的行驶状态, 为行驶实验提供稳定的行驶状态, 但同时还需要让重组的行驶状态能代替汽车实际行驶状况, 这是非常关键的一点.

重型汽车行驶的速度变化图是不规则的曲线. 首先将这条曲线按照一定规则切割成无数小段, 再通过提取和重组, 构建出具有代表性的一段光滑曲线, 以此代表汽车的工况, 这是重型汽车行驶状况构建的基本思想.

**模型建立**　以上述思想为理念, 可以构建具体的模型. 首先将重型汽车长时间的行驶划分为各个片段, 再用聚类分析的方法将各片段分为多个大类, 片段会随时间变化在各个大类中转移, 可以将这个过程看成马尔科夫链. 设定片段拼接优化指标 $D$, 根据马尔科夫

链的性质和指标 $D$ 确定片段重组标准, 最后检验重组的片段是否能代表实际行驶状况. 模型步骤框图如图 2.7 所示.

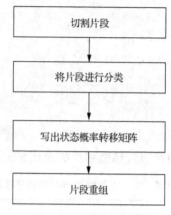

图 2.7　模型步骤框图

**模型求解**　重型汽车在公路上行驶是不规律的, 建立片段切割标准将重型汽车行驶时间进行分段切割. 常用的切割方法有速度变化切割、最大似然估计和突变点切割.

速度变化切割是根据速度的变化情况进行切割. 根据时刻-速度图像, 以及加速时段、减速时段和匀速时段这三大类情况进行切割. 例如, 重型汽车加速到顶点的时段记为片段 1, 随后匀速行驶一段时间记为片段 2, 之后一直减速的时段记为片段 3, 如此切割下去, 如图 2.8 所示.

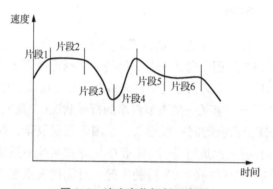

图 2.8　速度变化切割示意图

还可以根据有序聚类分析法找出序列的突变点, 根据公式

$$V_t = \sum_{i=1}^{t} (x_i - \bar{x}_t)^2,$$

$$V_{n-t} = \sum_{i=t}^{n} (x_i - \bar{x}_{n-t})^2,$$

以此来进行切割, 示例如图 2.9 所示。

选择一种切割方式可以得到多个片段, 随后采用系统聚类法对片段进行分类, 样例采用计算类间距离中的离差平方和法 (Ward 法) 进行分类, 得到图 2.10 所示的树状图.

**图 2.9　根据序列的突变点切割示意图**

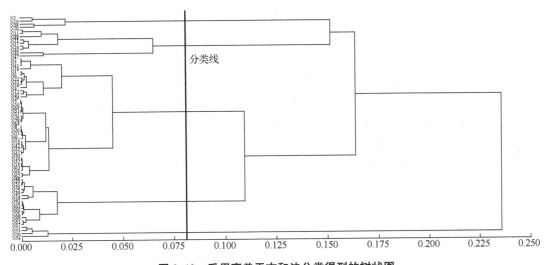

**图 2.10　采用离差平方和法分类得到的树状图**

根据需要得到分类线，图中的分类线将所有片段分为 5 大类，根据片段在大类之间转移的频数可以写出状态转移概率矩阵.

由于片段间转移的概率是不会相互影响的，从片段开始到结束，然后转移到新的片段，其转移过程可以看作马尔科夫链 $\{X_t, t \geq 1\}$. 片段一共分 5 大类，所以该马尔科夫 $X_t$ 的状态空间为 $E = \{1, 2, 3, 4, 5\}$.

由于无法知道概率，所以用频数代替概率来写出转移概率矩阵，因为数据量很大，这样的假定通常是合理的. 设大类 $i$ 到大类 $j$ 的转移概率为

$$p_{ij} = \frac{n_{ij}}{\sum_{j=1}^{k} n_{ij}},$$

其中 $n_{ij}$ 为大类 $i$ 转移到大类 $j$ 的频数. 根据计算公式和数据，可以得到相应的一步转移概率矩阵为

$$P = \begin{pmatrix} p_{11} & p_{12} & p_{13} & p_{14} & p_{15} \\ p_{21} & p_{22} & p_{23} & p_{24} & p_{25} \\ p_{31} & p_{32} & p_{33} & p_{34} & p_{35} \\ p_{41} & p_{42} & p_{43} & p_{44} & p_{45} \\ p_{51} & p_{52} & p_{53} & p_{54} & p_{55} \end{pmatrix}$$

$$= \begin{pmatrix} 0.578\,948 & 0.210\,526 & 0.078\,947 & 0.078\,947 & 0.052\,632 \\ 0.6 & 0.2 & 0.2 & 0 & 0 \\ 0.333\,33 & 0.333\,33 & 0.222\,22 & 0 & 0.111\,12 \\ 0.5 & 0 & 0.25 & 0.25 & 0 \\ 0.666\,67 & 0.333\,33 & 0 & 0 & 0 \end{pmatrix}.$$

很明显，转移概率矩阵行的和为 1. 同时可以看出，大类 1 停留在大类 1 内的概率超过 0.5，大类 1 转移到大类 2 的概率大约在 0.2，大类 1 转移到大类 3、4、5 的概率都很小，但不为 0；大类 2 转移到大类 1 的概率为 0.6，大类 2 停留到大类 2 的概率为 0.2，大类 2 转移到大类 3 的概率为 0.2，大类 2 不会转移到大类 4 或大类 5；其余大类的转移情况可以根据一步转移概率矩阵得到.

接下来对片段进行重组，要求重组的片段能够代表全部的运行状态，所以需要制定标准来选择片段进行重组. 速度和加速度是重型汽车运行过程中两个重要的指标，可以根据速度和加速度的实际情况和重组情况的差别来制定标准.

首先根据速度和加速度可以写出联合概率分布. 试验数据出现的加速度有 1，0，−1，−2，−3，−4，−5；试验数据出现的速度在 40~90 之间，所以可以将速度分成 [40,50)，[50,60)，[60,70)，[70,80)，[80,90) 5 个区间. 用相应区间内的频数除以总频数即得到相应的频率分布，近似作为速度的概率分布，经过计算得到的速度−加速度联合概率分布如表 2.6 所示.

表 2.6　速度−加速度联合概率分布

| $p$ | 加速度 0 | 加速度 1 | 加速度−1 | 加速度−2 | 加速度−3 | 加速度−5 |
|---|---|---|---|---|---|---|
| 速度[40,50] | 0.005\,587 | 0.000\,882 | 0.000\,588 | 0 | 0.000\,294 | 0 |
| 速度(50,60] | 0.020\,876 | 0.009\,115 | 0.004\,704 | 0.001\,764 | 0.000\,294 | 0.000\,294 |
| 速度(60,70] | 0.155\,542 | 0.036\,460 | 0.032\,049 | 0.002\,352 | 0.000\,588 | 0 |
| 速度(70,80] | 0.510\,732 | 0.080\,565 | 0.074\,096 | 0.001\,176 | 0 | 0 |
| 速度(80,90] | 0.042\,340 | 0.012\,643 | 0.007\,057 | 0 | 0 | 0 |

同理可以得到重组片段的速度−加速度联合概率分布. 根据实际的速度−加速度联合概率分布和重组片段的速度−加速度联合概率分布，可以得到速度−加速度联合概率分布偏差

$$D = \sum_{i,j} (P_{ij} - Q_{ij})^2,$$

其中 $P_{ij}$ 为试验数据的速度−加速度分布概率，$Q_{ij}$ 为提取片段后建立的工况的速度和加速度分布概率.

片段重组的基本思想是局部最优法，要求每拼接一个新的片段，该新片段的 $D$ 值相较

其他未拼接片段最小，且前后拼接处的速度、加速度变化符合实际发动机工作原理，这样的曲线才比较符合实际情况，即片段与片段应该是基本连续的，不能出现大的跳跃；最后要求片段到片段是可以转移的，即相应转移概率要大于 0. 以此制订出片段重组的 4 个步骤：

（1）计算 70 个行驶片段的速度–加速度概率分布，计算出 $D$ 值，选择 $D$ 值最小的片段作为初始片段；

（2）选择下一个片段的起始速度与前个一片段的末速度差距必须保持在可达范围之内，即试验数据中允许的加速度范围之内；

（3）前一片段与后一片段所属的状态转移概率要大于 0，能够转移才能进行片段重组；

（4）每选择一次片段，对于新合成的工况，都要使 $D$ 值相对最小.

按上述标准得到重组后的简化工况，和简化前的工况进行对比，得到的结果如图 2.11 所示.

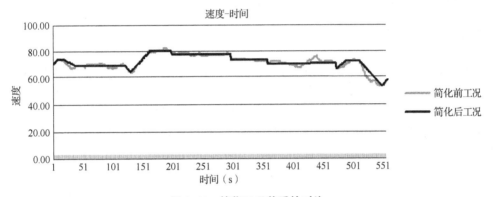

**图 2.11　简化工况前后的对比**

为了做对比，将原实际工况约两周的时间段压缩为一小时左右，和简化后工况同长. 可以看出，简化后的工况相比简化前的工况更加平滑，也非常接近于简化前的工况. 用简化后的工况代表汽车在公路上的行驶状态，从而为研究如何降低重型汽车耗油量提供帮助.

## 2.4　逻辑回归模型应用

实际问题中，我们经常需要探讨变量之间的关系. 当两个变量之间或者多个变量之间具有较高的相关关系，而又需要我们通过某个变量 $X$（或某些变量 $X_1, \cdots, X_n$）的变化来解释另一个变量 $Y$ 的变化情况，则我们称 $X$（或 $X_1, \cdots, X_n$）为解释变量，$Y$ 为响应变量. 大部分情况下，都会先尝试采用线性回归的方法探讨解释变量对响应变量的影响.

比如，当我们试图寻找营业收入与销售量、销售单价的关系时，可以建立以销售量、销售单价为解释变量，营业收入为响应变量的回归方程，通过销售量和销售单价的变化来预测营业收入的变化，从而帮助优化销售策略，提高营业收入. 线性回归在我们生活中的诸多领域都有着极其广泛的应用. 不过，当响应变量不是定量变量，而是定性变量时，传统的线性回归方法就失效了.

当响应变量为定性变量时,相应回归方法的改进就称为逻辑回归模型.

在实际生活中,我们常常遇到这样的问题:用户在某视频门户网站的会员权限马上到期了,是否续约会员?在校医院治好感冒后,感冒还会不会复发?虽然这些选择或问题对我们来说只是点头或是摇头的区别,但对于视频网站来说,较高的会员续约率会增加网站的热度和收入;医院则需要降低复发率来提升医疗水平.

处理这类实际问题,我们经常会碰到非此即彼甚至多个选择中择一的情况. 通过模型对两种或多种选择及其可能影响因素的训练,可以得到其各自发生概率的大小,从而帮助我们了解何种情况最可能发生. 逻辑回归模型就是处理当响应变量为二分类变量(一般只取 0 或 1 两个值,多分类变量可类似处理)时,利用解释变量对其进行回归分析的问题. 虽然逻辑回归不能准确地预测分类变量的取值,但可以预测变量取值的概率. 如果是二分类问题的话,回归结果给出的是 $Y$ 取 1 或 0 的概率大小. 逻辑回归是一种广义的线性回归.

下面来看几个逻辑回归模型适用的问题.

### 2.4.1 优惠券的精准投放问题

**问题描述** 一家连锁超市推出优惠券活动,如果顾客购买 200 元以上的商品,将给予 50 元的优惠. 为了精准投放,超市只愿意将优惠券赠送给最有可能使用优惠券的顾客.

**思路分析** 研究人员认为,顾客是否使用优惠券会与顾客在这家连锁超市的年消费支出和顾客是否拥有会员卡有关. 顾客的年消费支出可以从积分卡上获得;如果顾客拥有会员卡则记为 1,否则记为 0.

**模型建立** 现在超市把优惠券赠送给随机抽取的 100 名有积分的顾客,在调查结束时,研究人员记录下顾客是否使用了优惠券(使用了优惠券记为 1,否则记为 0). 在其中抽取 10 个数据,如表 2.7 所示,建立逻辑回归模型分析年消费支出和是否拥有会员卡对使用优惠券的影响.

**表 2.7 调查研究中的 10 个数据**

| 顾 客 | 年消费支出($10^3$ 元) | 会 员 卡 | 优 惠 券 |
|---|---|---|---|
| 1 | 1.130 | 1 | 0 |
| 2 | 1.911 | 1 | 1 |
| 3 | 4.959 | 1 | 1 |
| 4 | 6.073 | 1 | 1 |
| 5 | 1.403 | 1 | 0 |
| 6 | 3.318 | 0 | 0 |
| 7 | 2.421 | 1 | 0 |
| 8 | 6.073 | 0 | 1 |
| 9 | 2.630 | 1 | 0 |
| 10 | 3.411 | 0 | 1 |

**模型求解** 在上述问题中,变量定义如下所示.

$$Y = \begin{cases} 0, & \text{如果顾客在调查期间没有使用优惠券}, \\ 1, & \text{如果顾客在调查期间使用优惠券}, \end{cases}$$

$$x_1 = \text{在连锁超市的年消费支出}(10^3 \text{ 元}),$$

$$x_2 = \begin{cases} 0, & \text{顾客没有会员卡}, \\ 1, & \text{如果顾客拥有会员卡}. \end{cases}$$

于是选择二元逻辑回归方程

$$E(Y) = \frac{e^{\beta_0 + \beta_1 x_1 + \beta_2 x_2}}{1 + e^{\beta_0 + \beta_1 x_1 + \beta_2 x_2}},$$

这里 $E(Y) = p$. 利用 R 语言计算逻辑回归模型参数, 得到的结果如下所示.

```
Call:
glm(formula=coupon~spending+card,family=binomial),
Deviance Residuals:
     Min      1Q  Median      3Q     Max
 -1.6839 -1.0140 -0.6503 1.1216  1.8794

Coefficients:
            Estimate Std.Error z value Pr(>|z|)
(Intercept)  -2.1464    0.5772  -3.718 0.000201 ***
spending      0.3416    0.1287   2.655 0.007928 **
card          1.0987    0.4447   2.471 0.013483 *
---
Signif. codes: 0 '***' 0.001 '**' 0.01 '*' 0.05 '.' 0.1 ' ' 1

(Dispersion parameter for binomial family taken to be 1)

    Null deviance:134.60 on 99 degrees of freedom
Residual deviance:120.97 on 97 degrees of freedom
AIC:126.97

Number of Fisher Scoring iterations:4
```

可以得到, 截距项(Intercept)的估计值 $\hat{\beta}_0$ 为 $-2.1464$, 年消费支出(Spending)的估计值 $\hat{\beta}_1$ 为 $0.3416$, 会员卡(Card)的估计值 $\hat{\beta}_2$ 为 $1.0987$. 于是逻辑回归的方程为

$$E(Y) = \frac{e^{\beta_0 + \beta_1 x_1 + \beta_2 x_2}}{1 + e^{\beta_0 + \beta_1 x_1 + \beta_2 x_2}} = \frac{e^{-2.1464 + 0.3416 x_1 + 1.0987 x_2}}{1 + e^{-2.1464 + 0.3416 x_1 + 1.0987 x_2}}$$

可以利用上式估计特定类型的顾客使用优惠券的概率. 例如, 估计年消费支出为 1 000 元并且没有会员卡的顾客使用优惠券的概率, 为此我们将 $x_1 = 1$, $x_2 = 0$ 代入逻辑回归方程, 得到

$$E(Y) = \frac{e^{-2.1464 + 0.3416 \times 1 + 1.0987 \times 0}}{1 + e^{-2.1464 + 0.3416 \times 1 + 1.0987 \times 0}} = \frac{e^{-1.8048}}{1 + e^{-1.8048}} = \frac{0.1650}{1.1650} = 0.1416.$$

对于这一类顾客群体, 他们使用优惠券的概率约为 0.14. 同样地, 可以估计年消费支出为 1 000 元和拥有会员卡的顾客使用优惠券的概率, 为此我们将 $x_1 = 1$, $x_2 = 1$ 代入逻辑回归方程, 得到

$$E(Y) = \frac{e^{-2.1464 + 0.3416 \times 1 + 1.0987 \times 1}}{1 + e^{-2.1464 + 0.3416 \times 1 + 1.0987 \times 1}} = \frac{e^{-0.7061}}{1 + e^{-0.7061}} = \frac{0.4936}{1.4936} = 0.3305$$

对于这一类顾客群体，他们使用优惠券的概率约为 0.33. 上述结果显示：年消费支出为 1 000 元的顾客，拥有会员卡会比没有会员卡的顾客使用优惠券的概率多 1 倍以上.

可利用 $z$ 检验来确定每一个自变量对模型总体是否有显著的作用. 对于变量 $x_i(i=1, 2)$，有假设

$$H_0: \beta_i = 0, \quad H_1: \beta_i \neq 0.$$

如果原假设成立，则估计的系数 $\hat{\beta}_i$ 除以标准差 $s_i$ 后得到的结果 $z_i = \hat{\beta}_i/s_i$ 为一个服从标准正态分布的统计量. 在结果图中，Std.Error 为标准误，$z$ value 为 $z$ 统计量的值，Pr$(>|z|)$ 为 $z$ 统计量对应的概率 $p$ 值. 对于上述例子中的自变量 $x_1$，$z$ 值对应的 $p$ 值为 0.007 9；自变量 $x_2$，$z$ 值对应的 $p$ 值为 0.013 5. 在 $\alpha = 0.05$ 的显著水平下，可以认为两个变量对模型总体都有显著作用.

这里补充一个概念——受试者工作特征曲线(Receiver Operating Characteristic Curve)，简称 ROC 曲线，是以特异性为横坐标，敏感性为纵坐标绘制而成. 曲线下方面积越大，或者说曲线越靠近左上方，则逻辑回归预测的准确性越高.

年消费支出与是否使用优惠券的 ROC 曲线如图 2.12 所示.

是否拥有会员卡与是否使用优惠券的 ROC 曲线如图 2.13 所示.

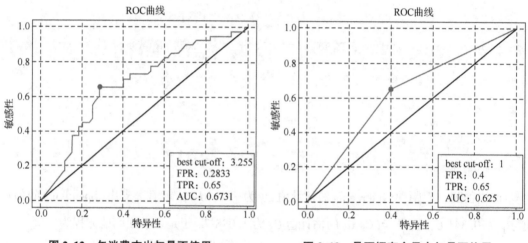

图 2.12　年消费支出与是否使用　　　　图 2.13　是否拥有会员卡与是否使用
　　　　优惠券的 ROC 曲线　　　　　　　　　　优惠券的 ROC 曲线

由逻辑回归模型，可以根据年消费支出和是否拥有会员卡对使用优惠券的概率做出预测，结果如表 2.8 所示.

表 2.8　使用优惠券的概率预测

|  | 1 000 | 2 000 | 3 000 | 4 000 | 5 000 | 6 000 | 7 000 |
|---|---|---|---|---|---|---|---|
| 拥有会员卡 | 0.330 5 | 0.409 9 | 0.494 3 | 0.579 0 | 0.659 3 | 0.731 4 | 0.793 1 |
| 没有会员卡 | 0.141 3 | 0.188 0 | 0.245 7 | 0.314 3 | 0.392 1 | 0.475 8 | 0.560 9 |

根据这些信息，连锁超市认为将优惠券赠送给使用优惠券概率大于 0.4 的顾客能达到很好的活动效果. 因此，超市制订的活动策略如下.

拥有会员卡的顾客：对年消费支出在 2 000 元以上的顾客赠送优惠券.

没有会员卡的顾客：对年消费支出在 5 000 元以上（0.392 1 非常接近 0.4，超市认为也可以将这一类顾客包括进来）的顾客赠送优惠券.

## 2.4.2　投保客户加保可能性问题

逻辑回归模型在社会生活各领域都有极其广泛的应用，是当前使用广泛的热门统计方法之一. 不过在实际应用中，会根据问题的不同，对结果进行更进一步的处理.

**问题描述**　在保险业务中，常常需要计算投保客户的加保可能性大小，并对加保可能性大小不同的客户进行分类和区别处理，如何计算加保可能性？

**思路分析**　在保险业务的客人加保分析中，常常通过证据权重（Weight of Evidence，WOE）法，将逻辑回归模型所得的结果转换为标准评分卡的形式，方便保险公司对于加保可能性大小不同的客户进行分类和区别处理.

**模型建立**　表 2.9 所示是共分为 $r$ 类的名义变量 $x$ 和被分为正常和违约两类的违约变量的双向频数表.

**表 2.9　违约变量的双向频数表**

| $X$ | 正常（1） | 违约（0） |
|:---:|:---:|:---:|
| $x_1$ | $n_{11}$ | $n_{10}$ |
| $\vdots$ | $\vdots$ | $\vdots$ |
| $x_i$ | $n_{i1}$ | $n_{i0}$ |
| $\vdots$ | $\vdots$ | $\vdots$ |
| $x_r$ | $n_{r1}$ | $n_{r0}$ |
| 合计 | $n_{\cdot 1}$ | $n_{\cdot 0}$ |

使用这些符号，$x_i$ 类的 WOE 值可以表示为

$$\mathrm{WOE}_i = \ln\left[\frac{n_{i0}/n_{\cdot 0}}{n_{i1}/n_{\cdot 1}}\right]$$

根据 WOE 转换，可以将名义变量 $x$ 的 WOE 重新表述为

$$\mathrm{WOE}(x) = \delta_1\mathrm{WOE}_1 + \delta_2\mathrm{WOE}_2 + \cdots + \delta_r\mathrm{WOE}_r,$$

其中，$\delta_1$，$\cdots$，$\delta_r$ 是二元虚拟变量，即对于所有的 $i=1$，$\cdots$，$r$，如果 $x$ 的取值是第 $i$ 类（$x_i$），则 $\delta_i = 1$；否则，$\delta_i = 0$.

设有 $p$ 个名义独立变量 $x_1$，$x_2$，$\cdots$，$x_p$ 的逻辑回归模型，第 $i$ 个名义变量 $x_i$ 有 $ki$ 个分类（$i=1,2,\cdots,p$）. 模型公式可以用违约比与正常比的比率的形式表示如下

$$\ln(odds) = \ln\left(\frac{p}{1-p}\right) = \beta_0 + \beta_1 x_1 + \cdots + \beta_p x_p.$$

对于这 $p$ 个变量 $x_1$，$x_2$，$\cdots$，$x_p$ 进行 WOE 转换，用 $w$ 代表证据权重，可以得到新的转换值如下

$$v_i = \mathrm{WOE}(x_i) = \delta_{i1}w_{i1} + \cdots + \delta_{ik1}w_{ik1}, \quad i=1, 2, \cdots, p.$$

用转换后的数值型变量 $v_1$，$v_2$，$\cdots$，$v_p$ 代替变量 $x_1$，$x_2$，$\cdots$，$x_p$，对模型进行拟合，

就可以进行参数估计并得到以下模型

$$\ln(odds) = \ln\left(\frac{p}{1-p}\right) = \beta_0 + \beta_1 v_1 + \beta_2 v_2 + \cdots + \beta_p v_p.$$

将 $v_1$，$v_2$，$\cdots$，$v_p$ 的值代入，得到一个新的模型如下

$$\ln(odds) = \ln\left(\frac{p}{1-p}\right) = \beta_0 + (\beta_1 w_{11})\delta_{11} + \cdots + (\beta_1 w_{1k1})\delta_{1k1} +$$

$$(\beta_2 w_{21})\delta_{21} + \cdots + (\beta_2 w_{2k2})\delta_{2k2} + \cdots + (\beta_p w_{p1})\delta_{p1} + \cdots + (\beta_p w_{pkp})\delta_{pkp}.$$

评分卡设定的分值刻度可以通过将分值表示为优势对数的线性表达式来定义，如下所示

$$Score = A + B\ln(odds).$$

其中，$A$ 和 $B$ 是常数. 常数 $A$ 和 $B$ 的值可以通过将两个已知或假设的分值代入公式计算得到. 通常，需要两个假设.

- 在某个特定的优势设定特定的预期分值 $P_0$.
- $odds$ 翻倍所需增加的分值($PDO$).

首先，设定优势($odds$)为 $\theta_0$ 的特定点的分值为 $P_0$，优势为 $2\theta_0$ 的点的分值为 $P_0 + PDO$. 代入公式求解可得

$$B = \frac{PDO}{\ln(2)},$$

$$A = P_0 - B\ln(\theta_0).$$

将新模型代入分值刻度，得到

$$Score = A + B\{\beta_0 + (\beta_1 w_{11})\delta_{11} + (\beta_1 w_{12})\delta_{12} + \cdots + (\beta_p w_{p1})\delta_{p1} + (\beta_p w_{p2})\delta_{p2} + \cdots\}.$$

其中，$w_{ij}$ 是第 $j$ 行第 $i$ 个变量的证据权重；$\delta_{ij}$ 是二元变量，表示变量 $i$ 是否取第 $j$ 个值. 公式可以重新写为

$$Score = (A + B\beta_0) + (B\beta_1 w_{11})\delta_{11} + (B\beta_1 w_{12})\delta_{12} + \cdots + (B\beta_p w_{p1})\delta_{p1} + (B\beta_p w_{p2})\delta_{p2} + \cdots.$$

写成评分卡形式如表 2.10 所示.

表 2.10　公式评分卡形式

| 变量 | 行数 | 分值 |
|---|---|---|
| 基准点 | — | $(A + B\beta_0)$ |
| $x_1$ | 1 | $(B\beta_1 w_{11})$ |
| | 2 | $(B\beta_1 w_{12})$ |
| | $\vdots$ | $\vdots$ |
| | $k_1$ | $(B\beta_1 w_{1k1})$ |
| $x_2$ | 1 | $(B\beta_2 w_{21})$ |
| | 2 | $(B\beta_2 w_{22})$ |
| | $\vdots$ | $\vdots$ |
| | $k_2$ | $(B\beta_2 w_{2k2})$ |
| $\vdots$ | | |

| 变量 | 行数 | 分值 |
|------|------|------|
| $x_p$ | 1 | $(B\beta_p w_{p1})$ |
| | 2 | $(B\beta_p w_{p2})$ |
| | $\vdots$ | $\vdots$ |
| | $k_p$ | $(B\beta_p w_{pkp})$ |

得到的计算结果一般都是非整数的分值. 通常, 该分值将四舍五入到最近的整数, 以简化评分卡的表现形式和可解释性. 这样四舍五入得到分值的近似值的方法, 因其影响通常都很小, 造成的误差可以忽略. 需要注意的是, 四舍五入是在每个变量进行的分值分配时做的, 而不是在加总后得到总分后才进行.

**模型求解**　记加保的客户为 1, 不加保的客户为 0. 将所有保险数据分为孤儿单(保险代理人中途离职)和非孤儿单, 分别建立加保指数模型. 由于孤儿单模型和非孤儿单模型内容一致, 所以只介绍非孤儿单模型是如何建立的, 孤儿单同理.

首先剔除非有效数据(比如自保件和拆单件), 按原加保率随机抽取 10% 的样本, 将抽取的样本按照 7∶3 分为训练集和测试集. 训练集用来建立模型, 测试集用来检验模型有效性.

采用逻辑回归将客户的各个变量与是否加保进行分析, 得到强影响的变量有年龄、性别、是否具有车险、客户是否结过婚、最近一次购买保单距今时长、有效险种对应的年缴保费、有效保单总数和持有险种类型这 8 个变量. 逻辑回归模型参数表如表 2.11 所示.

**表 2.11　逻辑回归模型参数表**

| 变量标签 | DF | Estimate | StdErr | WaldChiSq | ProbChiSq |
|----------|----|----------|--------|-----------|-----------|
| 常数项 | 1 | −2.618 | 0.002 | 2 457 972.02 | <0.000 1 |
| 年龄 | 1 | 0.643 | 0.012 | 2 811.07 | <0.000 1 |
| 性别 | 1 | 0.905 | 0.015 | 3 621.73 | <0.000 1 |
| 车险客户标示 | 1 | 0.642 | 0.010 | 4 158.70 | <0.000 1 |
| 婚姻状况 | 1 | 0.348 | 0.008 | 2 094.39 | <0.000 1 |
| 最近购买保单时长 | 1 | 0.617 | 0.004 | 25 689.20 | <0.000 1 |
| 年缴保费 | 1 | 0.526 | 0.004 | 22 314.16 | <0.000 1 |
| 有效保单总数 | 1 | 0.409 | 0.004 | 10 113.51 | <0.000 1 |
| 持有险种类型 | 1 | 0.413 | 0.004 | 9 223.93 | <0.000 1 |

可以看到, 变量对应的 $p$ 值都小于 0.000 1, 说明这些变量与是否加保都有明显相关关系.

按照建模中计算各个变量分类对应的 WOE 值(WOE = ln((bad/bad 总数)/(good/good 总数)) = ln((加保/加保总人数)/(不加保/不加保总人数)), 计算结果如表 2.12 所示.

表 2.12 各变量分类对应的 WOE 值

| 变 量 | 变量分类 | 加保(人) | 不加保(人) | WOE |
|---|---|---|---|---|
| 总人数 | total | 429 714 | 5 902 793 | |
| 年龄 | a(18~40) | 238 447 | 2 873 374 | 0.131 0 |
| | b(>40) | 191 267 | 3 029 419 | −0.142 4 |
| 性别 | 女 | 228 952 | 2 825 980 | 0.107 0 |
| | 男 | 200 762 | 3 076 813 | −0.109 5 |
| 车险 | 非有效 | 398 778 | 5 674 709 | −0.035 3 |
| | 有效 | 30 936 | 228 084 | 0.622 3 |
| 婚姻 | 有过 | 129 458 | 1 218 104 | 0.378 4 |
| | 未婚 | 300 256 | 4 684 689 | −0.127 4 |
| 距上次购买保单 | a(<3 个月) | 101 822 | 733 162 | 0.645 9 |
| | b(3~12 个月) | 151 044 | 1 500 741 | 0.323 9 |
| | c(>1 年) | 176 848 | 3 668 890 | −0.412 3 |
| 年缴保费 | a(<3 000)元 | 117 229 | 2 814 931 | −0.558 5 |
| | b(3 000~5 000)元 | 88 175 | 1 265 106 | −0.043 5 |
| | c(5 000~7 000)元 | 60 097 | 705 249 | 0.157 5 |
| | d(7 000~15 000)元 | 93 573 | 763 249 | 0.521 2 |
| | e(15 000~30 000)元 | 42 604 | 237 516 | 0.901 8 |
| | f(>30 000)元 | 28 036 | 116 742 | 1.193 6 |
| 投保单数 | 1 张 | 183 636 | 3 534 453 | −0.337 3 |
| | 2 张 | 117 877 | 1 506 811 | 0.072 0 |
| | 3 张 | 59 137 | 512 549 | 0.460 5 |
| | 4 张 | 30 767 | 199 953 | 0.748 4 |
| | ≥5 张 | 38 297 | 149 027 | 1.261 3 |
| 险种类别 | 1 | 115 409 | 870 737 | 0.599 2 |
| | 2 | 250 823 | 3 259 062 | 0.055 6 |
| | 3 | 34 431 | 692 352 | −0.381 1 |
| | 4 | 29 054 | 1 080 705 | −0.996 1 |

设优势 $odds=10$ 时预期分值为 134，当优势翻倍为 20 时，对应的分值为 134+10. 根据建模中的公式，计算得到 A 为 100.78，B 为 14.43. 根据公式 $Score=A+B\ln(odds)$ 将变量分类的 WOE 值转换成分数，为了控制上下限，分数向 0 取整，得到的结果如表 2.13 所示.

表 2.13　变量分类的分数表

| 变　量 | 变量分类 | WOE | 回归系数 | 整理后系数 | 分　数 | 向 0 取整 |
|---|---|---|---|---|---|---|
| 常数项 | – | – | −2.618 | −2.618 | 63.449 5 | 63 |
| 年龄 | a(18~40) | 0.131 0 | 0.643 | 0.084 2 | 1.214 9 | 1 |
| | b(>40) | −0.142 4 | 0.643 | −0.091 6 | −1.320 9 | −1 |
| 性别 | 女 | 0.107 0 | 0.905 | 0.096 8 | 1.396 5 | 1 |
| | 男 | −0.109 5 | 0.905 | −0.099 1 | −1.429 3 | −1 |
| 车险 | 非有效 | −0.035 3 | 0.642 | −0.022 7 | −0.327 0 | 0 |
| | 有效 | 0.622 3 | 0.642 | 0.399 5 | 5.763 5 | 5 |
| 婚姻 | 有过 | 0.378 4 | 0.348 | 0.131 7 | 1.899 6 | 1 |
| | 未婚 | −0.127 4 | 0.348 | −0.044 3 | −0.639 4 | 0 |
| 上次购买保单 | a(<3 个月) | 0.645 9 | 0.617 | 0.398 5 | 5.749 6 | 5 |
| | b(3~12 个月) | 0.323 9 | 0.617 | 0.199 9 | 2.883 3 | 2 |
| | c(>1 年) | −0.412 3 | 0.617 | −0.254 4 | −3.670 0 | −3 |
| 年缴保费 | a(<3 000)元 | −0.558 5 | 0.526 | −0.293 8 | −4.238 2 | −4 |
| | b(3 000~5 000)元 | −0.043 5 | 0.526 | −0.022 9 | −0.330 3 | 0 |
| | c(5 000~7 000)元 | 0.157 5 | 0.526 | 0.082 8 | 1.195 0 | 1 |
| | d(7 000~15 000)元 | 0.521 2 | 0.526 | 0.274 2 | 3.955 3 | 3 |
| | e(15 000~30 000)元 | 0.901 8 | 0.526 | 0.474 3 | 6.843 2 | 6 |
| | f(>30 000)元 | 1.193 6 | 0.526 | 0.627 8 | 9.0576 | 9 |
| 投保单数 | 1 张 | −0.337 3 | 0.409 | −0.138 0 | −1.990 3 | −1 |
| | 2 张 | 0.072 0 | 0.409 | 0.029 4 | 0.424 6 | 0 |
| | 3 张 | 0.460 5 | 0.409 | 0.188 4 | 2.717 4 | 2 |
| | 4 张 | 0.748 4 | 0.409 | 0.306 1 | 4.416 2 | 4 |
| | ≥5 张 | 1.261 3 | 0.409 | 0.515 9 | 7.442 5 | 7 |
| 险种类别 | 1 | 0.599 2 | 0.413 | 0.247 5 | 3.570 3 | 3 |
| | 2 | 0.05 56 | 0.413 | 0.023 0 | 0.331 4 | 0 |
| | 3 | −0.381 1 | 0.413 | −0.157 4 | −2.270 6 | −2 |
| | 4 | −0.996 1 | 0.413 | −0.411 4 | −5.935 4 | −5 |

根据评分和客户信息，可以为购买保险的客户打分，并且预测相应的加保率. 将训练集建立的模型运用到测试集，所得到的结果如表 2.14 所示.

表 2.14 评分结果

全量 2014 年 6 月 30 日

| 建议星级 | 评分卡分段 | 客户数 | 客户占比 | 实际加保客户 | 实际加保率 | 预测加保客户数 | 预测加保率 | 预测客户均分 |
|---|---|---|---|---|---|---|---|---|
| 五星 | c 90~85 | 2 336 | 0.00% | 878 | 37.60% | 967 | 41.40% | 87.4 |
| 五星 | d 85~80 | 23 006 | 0.40% | 7 585 | 33.00% | 7 481 | 32.50% | 82.5 |
| 五星 | e 80~75 | 81 144 | 1.30% | 20 837 | 25.70% | 20 653 | 25.50% | 77.6 |
| 五星 | f 75~70 | 195 574 | 3.10% | 35 780 | 18.30% | 37 252 | 19.00% | 72.5 |
| 四星 | g 70~65 | 461 748 | 7.30% | 62 324 | 13.50% | 63 833 | 13.80% | 67.6 |
| 四星 | h 65~60 | 1 001 623 | 15.80% | 96 856 | 9.70% | 96 051 | 9.60% | 62.8 |
| 三星 | i 60~55 | 1 364 108 | 21.50% | 92 931 | 6.80% | 89 603 | 6.60% | 57.9 |
| 二星 | j 55~50 | 1 518 593 | 24.00% | 70 213 | 4.60% | 67 808 | 4.50% | 53.2 |
| 一星 | k 50~45 | 1 115 769 | 17.60% | 33 538 | 3.00% | 34 201 | 3.10% | 48.5 |
| 一星 | l 45~40 | 568 672 | 9.00% | 8 775 | 1.50% | 11 868 | 2.10% | 44.1 |

可以看到,预测加保率非常接近实际加保率,大部分差距都在 2%以内,说明模型的结果非常好. 根据该模型,还可以对 2015 年的数据进行预测.

# 2.5 聚类分析模型应用

俗话说"物以类聚、人以群分",面对大量的数据和变量,如何快速地将具有相近特质的样本或变量分在一类,从而达到降维和寻找共性的目的就成为一个重要的研究方向. 聚类分析正是这样一种快速将大量数据分类的统计方法,有很强的应用价值. 其宗旨是根据数据样本的性质,将具有相近特质的样品或变量分在一组,既可以根据不同组的特性进行不同的处理,也可以对同组数据进行更进一步的分析. 聚类分析可以将相近数据归入一类,从而为决策者提供帮助,也能大幅减少研究对象的数量,从而达到降维的作用.

在没有先验知识的情况下,聚类分析能合理地按样品或变量各自的特性对大量样品进行分类. 聚类源于很多领域,可以将数据分类到不同的类或者簇,从而使得同一类中的对象非常相近,而不同类间的对象差异很大.

在银行业务中,聚类分析可以分组聚类出具有相似消费行为的客户. 在分析客户的共同特征后,企业可以更好地了解自己的客户,向不同类的客户提供不同的服务. 在保险续保业务中,聚类分析通过相关指标来确定保单持有者的分类,从而找出哪些分类才是最有可能的续保人群,是保险业务员的重点服务对象. 在生物领域,聚类分析可以对基因等生物特征进行分类,从而获取或加深对种群固有结构的认识.

## 2.5.1 空气质量分类问题(Q 型聚类)

**问题描述** 随着雾霾的增多,空气质量逐渐成为人们关注的热点. 空气污染物中包括多种不同种类和来源的污染物，如划分颗粒物大小标准的 PM2.5 指标、$SO_2$ 和 $NO_2$ 的含量等. 气象部门会对城市的空气质量进行分类，如何根据这些指标对空气质量进行比较准确的分类呢？

**思路分析**　一些地方采取空气质量指数的办法来对各城市的空气质量进行评分，除此之外，还可以采用聚类分析的方法对城市的空气质量进行分类.

**模型建立**　首先从环保部官网上选取 2016 年 11 月的 31 个城市空气质量状况，挑选了 4 个常见的空气质量指标：PM2.5、PM10、$SO_2$ 含量和 $NO_2$ 含量作为评判依据. 具体数据如表 2.15 所示.

表 2.15　空气质量分类模型数据

| 城市 | PM2.5 | PM10 | $SO_2$ | $NO_2$ | 城市 | PM2.5 | PM10 | $SO_2$ | $NO_2$ |
|------|-------|------|--------|--------|------|-------|------|--------|--------|
| 海口 | 18 | 33 | 6 | 12 | 西宁 | 72 | 176 | 33 | 60 |
| 福州 | 26 | 52 | 6 | 33 | 沈阳 | 74 | 109 | 72 | 49 |
| 昆明 | 26 | 65 | 16 | 37 | 呼和浩特 | 74 | 153 | 54 | 62 |
| 南宁 | 29 | 50 | 13 | 34 | 银川 | 75 | 152 | 102 | 60 |
| 贵阳 | 34 | 57 | 14 | 31 | 乌鲁木齐 | 79 | 96 | 14 | 55 |
| 广州 | 41 | 68 | 14 | 61 | 济南 | 80 | 151 | 30 | 58 |
| 南京 | 43 | 83 | 18 | 51 | 成都 | 86 | 149 | 16 | 62 |
| 上海 | 44 | 59 | 16 | 58 | 兰州 | 94 | 264 | 35 | 82 |
| 南昌 | 44 | 77 | 18 | 41 | 哈尔滨 | 99 | 112 | 46 | 58 |
| 拉萨 | 49 | 146 | 8 | 44 | 北京 | 100 | 132 | 11 | 68 |
| 杭州 | 52 | 85 | 13 | 56 | 天津 | 104 | 140 | 27 | 65 |
| 重庆 | 53 | 81 | 16 | 52 | 郑州 | 107 | 173 | 32 | 71 |
| 合肥 | 55 | 82 | 16 | 55 | 西安 | 125 | 220 | 26 | 70 |
| 长沙 | 55 | 76 | 14 | 43 | 太原 | 134 | 240 | 152 | 73 |
| 武汉 | 61 | 90 | 11 | 52 | 石家庄 | 170 | 279 | 57 | 81 |
| 长春 | 71 | 87 | 43 | 43 | | | | | |

打开统计软件 SPSS，将上述数据输入后，采用数据—分类—系统聚类，选择对个案进行分类，分类依据的变量为 PM2.5、PM10、$SO_2$ 和 $NO_2$，方法选择组间连接，度量标准选择平方欧式距离.

**模型求解**　根据上述数据及方法、标准选择，得到的结果如图 2.14 所示.

根据聚类图和实际情况，可以将 31 个城市根据受污染的程度分为 4 类.

第 1 类为严重污染城市，包括兰州、西安、石家庄和太原这 4 个城市，这些都是重工业内陆城市，少雨少风，因此污染非常严重，且不易缓解.

第 2 类为重度污染城市，包括沈阳、哈尔滨、西宁、呼和浩特、济南、成都、北京、天津、郑州、拉萨和银川这 11 个城市. 这些城市污染程度比较高，属于重度污染.

第 3 类为中度污染城市，包括重庆、合肥、杭州、南京、武汉、南昌、长沙、广州、上海、长春和乌鲁木齐这 11 个城市. 这些城市污染程度相比较轻，属于中度污染.

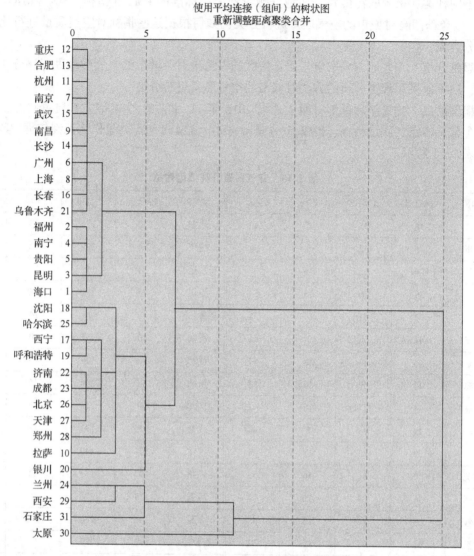

**图 2.14 空气质量分类问题变量聚类结果**

第 4 类为轻度污染城市,包括福州、南宁、贵阳、昆明和海口这 5 个城市.这些城市环境优美,属于沿海城市或旅游城市,工业污染少,污染相对较轻.

从上述分类结果可以看出,聚类分析的效果非常符合实际情况,因此可以采用聚类分析的方法对城市的空气质量状况进行分类.

当然其缺点在于聚类分析是根据数据进行系统性的分类,对每个分类没有一个固定的指标可以用来标识.

### 2.5.2 食品分类问题(R型聚类)

**问题描述** 某食堂需要制订食品采购策略,因而希望针对不同食品进行分类,从而帮助制订相应的采购策略.现有 2012—2016 年 20 种食品每月价格的数据,试用聚类分析对这 20 种食品进行分类.

**思路分析** 这是对变量的聚类,可以采用 pearson 相关系数作为变量间的聚类距离,使用类平均法定义类间距离,采用 SPSS 软件对变量进行聚类.

**模型建立** 首先考察该食堂提供的 20 个品种食品的类别,按照传统归类,可以分为蔬菜类、禽蛋类、肉类、豆制品类、米面类等,其部分数据如表 2.16 表示. 现在需要根据不同时间段的价格走势,对这些食品进行另一种分类,将价格走势类似的食品归在一类,从而可以帮助食堂管理者根据不同类别,制订不同的采购策略.

这是对变量的聚类,由于希望同类食品价格趋势相似,故可以采用 pearson 相关系数作为变量间的聚类距离,使用类平均法定义类间距离,采用 SPSS 软件对变量进行聚类.

**模型求解** 打开系统软件 SPSS,将表 2.16 中数据输入后,采用数据—分类—系统聚类,选择对变量进行分类,分类依据的变量为 20 种不同食品,采用 pearson 相关系数作为变量间的聚类距离,使用平均法定义类间距离,得到的结果如图 2.15 所示.

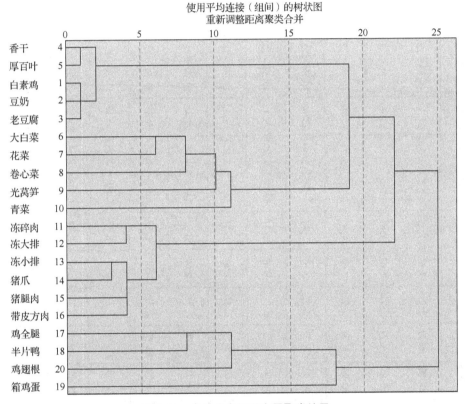

**图 2.15 食品分类问题变量聚类结果**

根据聚类的结果和人为的需要,一共可以分为 4 类:第 1 类包括白素鸡、豆奶、老豆腐、香干、厚百叶,这一类都是豆制品;第 2 类包括大白菜、花菜、卷心菜、光莴笋、青菜,这一类都是蔬菜;第 3 类包括冻碎肉、冻大排、冻小排、猪爪、猪腿肉、带皮方肉,这一类都是猪肉;第 4 类包括鸡全腿、半片鸭、鸡翅根、箱鸡蛋,这一类都是禽蛋类.

可以看出分类结果和食品的种类非常接近,也和它们的价格走势非常接近,聚类结果有很好的指导意义.

表2.16 食堂分类问题部分数据（元/500g）

| 时间 | 光荚笋 | 带皮方肉 | 猪爪 | 冻小排 | 鸡翅根 | 老豆腐 | 厚百叶 | 豆奶 | 卷心菜 | 花菜 | 猪腿肉 | 冻碎肉 | 冻大排 | 鸡全腿 | 半片鸭 | 箱鸡蛋 | 白素鸡 | 香干 | 青菜 | 大白菜 |
|---|---|---|---|---|---|---|---|---|---|---|---|---|---|---|---|---|---|---|---|---|
| 2012年7月 | 7.18 | 27.23 | 23.41 | 21.00 | 16.57 | 2.72 | 7.67 | 1.87 | 1.58 | 3.83 | 25.42 | 19.54 | 22.80 | 16.69 | 7.91 | 7.80 | 7.87 | 7.77 | 3.31 | 2.48 |
| 2012年8月 | 6.90 | 27.38 | 23.29 | 20.95 | 16.77 | 2.72 | 7.67 | 1.87 | 1.70 | 5.90 | 25.40 | 19.50 | 22.80 | 16.00 | 7.67 | 9.16 | 7.87 | 7.77 | 4.40 | 3.20 |
| 2012年9月 | 7.39 | 27.80 | 23.37 | 20.94 | 18.55 | 2.72 | 7.67 | 1.87 | 2.12 | 5.27 | 25.02 | 19.50 | 22.77 | 16.10 | 7.53 | 10.25 | 7.87 | 7.77 | 3.36 | 2.73 |
| 2012年10月 | 4.15 | 27.85 | 23.38 | 20.99 | 18.23 | 2.72 | 7.67 | 1.87 | 1.42 | 2.40 | 25.93 | 18.84 | 22.80 | 16.00 | 7.48 | 9.09 | 7.87 | 7.77 | 1.39 | 1.35 |
| 2012年11月 | 4.31 | 27.75 | 23.40 | 21.00 | 18.47 | 2.72 | 7.67 | 1.87 | 1.08 | 2.95 | 26.13 | 19.51 | 22.78 | 16.12 | 7.32 | 9.02 | 7.87 | 7.77 | 1.29 | 1.05 |
| 2012年12月 | 5.09 | 28.13 | 23.51 | 21.00 | 18.57 | 2.72 | 7.67 | 1.87 | 1.22 | 3.65 | 26.33 | 19.23 | 22.73 | 16.07 | 8.41 | 9.84 | 7.87 | 7.77 | 1.74 | 1.12 |
| 2013年1月 | 5.42 | 29.41 | 24.61 | 21.06 | 18.96 | 2.72 | 7.67 | 1.87 | 1.75 | 3.66 | 27.43 | 19.31 | 22.76 | 16.00 | 9.25 | 9.87 | 7.87 | 7.77 | 2.96 | 1.65 |
| 2013年2月 | 4.15 | 29.79 | 24.97 | 21.00 | 18.95 | 2.72 | 7.67 | 1.87 | 1.64 | 1.65 | 27.75 | 20.51 | 23.20 | 16.00 | 9.38 | 8.73 | 7.87 | 7.77 | 2.27 | 1.55 |
| 2013年3月 | 4.01 | 28.85 | 24.09 | 22.22 | 18.79 | 2.72 | 7.67 | 1.87 | 1.60 | 2.46 | 26.53 | 17.28 | 22.46 | 15.50 | 8.94 | 8.24 | 7.87 | 7.77 | 2.01 | 1.77 |
| 2013年4月 | 5.11 | 27.34 | 22.33 | 21.02 | 18.55 | 2.77 | 7.67 | 1.94 | 1.71 | 4.59 | 25.83 | 16.29 | 21.09 | 15.93 | 8.85 | 7.88 | 8.01 | 7.77 | 2.92 | 3.20 |
| 2013年5月 | 3.71 | 26.86 | 22.82 | 20.99 | 18.24 | 2.80 | 8.06 | 1.94 | 1.54 | 2.95 | 25.25 | 16.22 | 21.00 | 16.00 | 8.43 | 7.51 | 8.01 | 8.07 | 1.70 | 2.27 |
| 2013年6月 | 5.35 | 27.75 | 23.41 | 21.00 | 16.90 | 2.80 | 8.06 | 1.94 | 1.38 | 4.44 | 26.41 | 16.20 | 21.00 | 14.00 | 7.90 | 8.00 | 8.01 | 8.07 | 3.54 | 2.18 |

### 2.5.3　电商客户问题(RFM 模型)

**问题描述**　每年双 11 都是百姓消费的一次大狂欢. 届时, 早就计划好的人们在各种购物平台上购买看中的折价商品, 每年这个时候的消费金额惊人! 在这场狂欢之中, 细心的商家会保持冷静, 思考如何让自己最大化地赢利. 这其中包括如何刺激老客户在双 11 继续购买, 如何吸引新客户购买, 以及如何留住在双 11 偶然购买的客户.

通过采取合适的策略, 不仅使商家能在双 11 狂欢中赢利更多, 更能让商家吸引住优质客户, 有利于商家的长远发展.

**思路分析**　在对客户关系的管理分析中, RFM 模型是经常使用的一种类聚类分析方法. RFM 指最近一次消费(Recency)、消费频率(Frequency)和消费金额(Monetary)3 个指标. RFM 模型将根据这 3 个重要指标评判用户的购买潜力. RFM 分析侧重对客户行为的分析——客户在做些什么? 他们的这些行为会对将来的购买产生什么样的影响? 能否通过客户过去的行为预测他们将来的购买行为? 通过这些分析, 进而指导商家有针对性地开展营销.

最近一次消费这一指标涉及客户上一次购买距今的时间, 上一次消费时间越近的客户越忠实, 对商家提供的宣传也最有可能会有反应. 消费频率指客户在限定时间内购买的次数, 经常购买的客户可以说是满意度高的客户. 消费金额是商家特别关注的指标, 消费金额高的客户自然会受到商家更好的待遇.

客户最近一次消费与消费频率对客户的响应率有非常重要的影响, 这与消费心理学有很大关系. 绝大多数客户在购物后, 会在一段时间内保持一种冲动情绪, 这是人类情感的共性. 如果客户在某店铺购物后, 很快就收到来自那个店铺的推送信息, 客户一般会马上阅读, 因为客户会认为可能会有与自己紧密相关的信息. 而在一年后, 如果客户依然收到这个店铺推送给自己的关于促销产品的信息, 客户也许不会再去阅读, 因为很可能其不再对相关信息感兴趣. 经常在某一店铺购物的客户, 其满意度、品牌信任度和忠诚度等都会更高. 所以, 客户最近购买情况与客户购买频率对于分析店铺对客户的影响率有着至关重要的影响.

保证了客户响应率, 客户的消费金额才能逐渐地提高. 如果没有大客户的高消费, 商家可以逐步激发小客户的消费潜力, 这样的过程是大多数商家逐步发展的一种方式.

**模型建立**　将所有客户记录依次按 3 个关键指标进行排序后, 分为 5 个相等数量的群体, 并把每一个五等分的代号放入每一个数据库记录里, 标上 1~5 的相应数字, 就完成了对客户数据的 RFM 编号. 举例来说, 将某一个客户的购买信息在按购买时间排序后, 其购买时间属于五等分客户群里最新的日期, 则此客户的 R 编码为 5;继续将此客户按购买频率排序后, 发现其属于五等分客户群里第 2 类客户, 则此客户的 F 编码为 2;再接着把这个客户按消费金额排序, 发现它在第 3 类客户里, 则它的 M 编码为 3, 将 3 个编码合并起来, 此客户的 RFM 编码就是 523, 这个简单的 3 位数代码, 分别代表此客户的最近购买情况、购买频率和消费金额.

**模型求解**　借助软件, RFM 编码工作可以很快完成, 每 3 个数字将形成一个 RFM 单元, 按"三五"原则, 总计会得到 $5 \times 5 \times 5 = 125$ 个 RFM 单元代码. 可以非常方便地对不同单元的客户进行 RFM 的特征比较, 并根据需要选择合适的客户群来做营销推广.

大商家常常会有几十万、几百万甚至近千万级别的交易客户，直接套用"三五"原则即可. 然而，一般商家的交易客户数量往往要小得多，很多商家的交易客户数量最多也仅为万级或千级，如果这时仍旧使用 125 个 RFM 单元，那么每个单元里的客户数量将会太少以致失去细分的意义. 一般每个 RFM 单元的客户数量不应过少，这时可将 RFM 单元总量下调. 例如，5 个最近购买情况×2 个购买频率×2 个消费金额＝20 个 RFM 单元.

根据 RFM 单元量级大小，客户层可以大致分为 8 组：重要发展客户、重要价值客户、重要保持客户、重要挽留客户、一般发展客户、一般价值客户、一般保持客户和一般挽留客户，具体如图 2.16 所示.

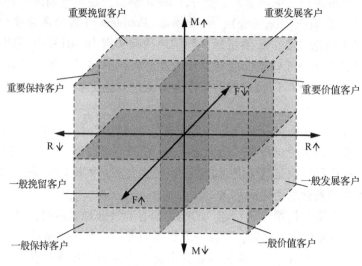

**图 2.16　客户层分组**

根据分组，商家可以制订不同的推销策略.

● 重要价值客户：最近消费时间近、消费频率和消费金额都很高，这是 VIP 客户.

● 重要保持客户：最近消费时间远，但消费频率和金额都很高，说明这是一个一段时间没来的忠实客户，我们需要主动和他保持联系.

● 重要发展客户：最近消费时间较近、消费金额高，但频率不高，说明这是一个忠实度不高，但很有潜力的客户，必须重点发展.

● 重要挽留客户：最近消费时间较远、消费频率不高，但消费金额高的用户，可能是将要流失或者已经流失的客户，应当实行挽留措施.

● 一般价值客户：对于近期有付费，但是很少有新的付费行为的客户，我们的目标是刺激他们继续购买。很多调查研究指出，重复购买以及规律性的付费可以给商家带来巨额营收.

● 一般保持客户：经常付费，但是已经是在很久以前了，说明忠实客户即将流失，我们的目的是提醒他们. 有时候一个信息推送也许就够了；或者我们可以跟这些用户进行沟通，了解他们为什么想离开.

● 一般挽留客户：很少付费并且已经是在很久以前了，说明这是已流失的客户，并不是忠实客户. 我们可以建议他们有所行动——对我们来说也许并不是有利可图——但这可以帮我们挽回客户并刺激他们继续消费. 或者至少可以尝试寻找客户流失的原因, 通过反馈来调整产品.

下面结合一个具体案例来加深理解.

广州某公司用了消费金额(M)作为级别划分的主要依据, 在该公司的 RFM 分析模型里, 根据消费金额(M)指标划分的客户有 5 级, M5 是消费金额最高的金卡会员, 该公司为金卡和银卡会员提供比普通会员更高的积分倍率. 该公司根据消费频率(F)也将客户划分了 5 个级别, F5 级是最忠实的会员, 对 F 值较高的会员, 该公司会结合会员的住址信息和所购商品信息, 推测他们是否为附近居民, 以便在促销期间加强对此部分会员的联系. 但在最近消费时间(R)上, 该公司采用了把消费频率(F)和最近消费时间(R)相结合的方法进行评估, 如果客户的最近一次消费时间与到店频率偏差很大, 该公司会在客户关系管理系统里产生客户流失预警标识.

而将 R、F、M 这 3 个指标结合, 则使该公司有了更具针对性的会员营销策略. 对 3 个值都很低的会员, 营销部门会把他们定义为"边缘会员"并减少相关的营销预算. 对到店频率(F)低但消费金额(M)高的会员, 结合他们的最近消费时间(R), 将他们定位为"团购会员", 这些会员虽然购物次数不多, 但每次到店都会有很高的采购金额. 该公司在春节、端午、中秋等重要节日前, 都会特别强化与这部分会员的联系. 而母亲节前, 该公司又会先根据会员的人口特征信息把相关年龄层次会员筛选出来, 再根据消费金额(M)和到店频率(F), 把最有购买倾向的客户挖掘出来. 结合客户所购商品的特点, 该公司还会基于 RFM 模型选择精准的目标会员, 推出例如"文具节"或"泰国食品节"等各种主题的促销.

在每一次促销活动结束后, 该公司会通过 CRM 系统里收集到的会员消费数据进行促销活动效果评估. 如果定位的目标客户在促销期内并没有消费足够数量的预期商品, 则说明促销主题对该会员没有吸引力, 营销部门要根据评估效果调整下一步的营销策略.

RFM 指标结合客户的商品购买信息, 可以让该公司了解会员到店购买的都是什么商品, 本月与上月的变化在哪里, 最有价值的客户是哪些, 他们买的商品是什么口味的……这些信息可以用来指导该公司调整采购商品的策略.

RFM 信息的获得, 依赖于会员刷卡频率的提升. 该公司在这方面也想了很多办法. 他们把每个月的 20 日和 30 日定为会员日, 客户在这两天的消费可能得到两倍的积分奖励; 在店庆和主题促销期间, 该公司会临时指定会员日并为会员提供会员价. 每位会员生日当天, 该公司会发出生日祝贺短信, 并可凭会员卡去服务台领取生日礼物. 每次客户购物如果没有购买购物袋, 该公司会奖励给会员环保积分. 年底前, 该公司会提前一个月通过网站广告、户外广告、手机短信和广播等多种方式提示会员年度有效积分的换购和清零, 这对带动年底的会员消费也有很大作用.

通过运用 RFM 模型, 该公司的业务有了长足的发展.

## 2.6　习题

1. 找一个繁忙的十字路口, 收集路口的车流数据, 然后利用蒙特卡洛方法设计红灯和绿灯各应占多少比例. 进一步考虑更优秀的依赖时间的方案, 如上班高峰时应该是怎样的？中午用餐时情况又是怎样的？

2. 根据 2.2.2 节的内容，编程模拟车辆过火车道口的情形，计算道口平均等待车辆数及转绿灯后，等候车辆过道口的平均时间.

3. 列举生活中可以用马尔科夫链方法加以解决的实际问题，进行计算并分析结果.

4. 讨论马尔科夫链在何种情况下具有遍历性，何种情况下不具有遍历性.

5. 甲、乙两人进行比赛，设每局比赛中甲胜的概率是 $p$，乙胜的概率是 $q$，和局的概率是 $r$，$p+q+r=1$. 设每局比赛后，胜者记"+1"分，负者记"-1"分，和局不记分. 当两人中有一人获得 2 分时结束比赛. 以 $X_n$ 表示比赛至第 $n$ 局时甲获得的分数.

（1）写出状态空间；

（2）求 $P^{(2)}$；

（3）问在甲获得 1 分的情况下，再赛两局可以结束比赛的概率是多少？

6. 设某地有 1 600 户居民，某产品只有甲、乙、丙 3 个厂家在该地销售. 经调查，8 月买甲、乙、丙 3 个厂的产品的居民户数分别为 480，320，800. 9 月，原来买甲厂产品的居民有 48 户转而买乙厂产品，96 户转而买丙厂产品；原来买乙厂产品的居民有 32 户转而买甲厂产品，64 户转而买丙厂产品；原来买丙厂产品的居民，有 64 户转而买甲厂产品，有 32 户转而买乙厂产品. 用状态 1、2、3 分别表示甲、乙、丙 3 厂，试求：

（1）转移概率矩阵；

（2）9 月市场占有率的分布；

（3）12 月市场占有率的分布.

7. 讨论二分类逻辑回归分析中是否一定要选择 0.5 作为事件发生与否的概率分界线.

8. 讨论为什么 ROC 曲线下方面积越大，或者说曲线越靠近左上方，则逻辑回归预测的准确性越高.

9. 讨论 Q 型聚类和 R 型聚类的区别，分析什么时候选择 Q 型聚类，什么时候选择 R 型聚类并举例说明. 进一步讨论聚类分析方法的最大优点和最大缺点，如何根据实际情况选择距离的定义，也举例说明.

# 第3章 动态模型

在大学数学学习中，一门重要的课程就是微积分，微积分是分析事物变化过程的有力工具. 事实上，我们的世界是一个变化的世界，在很多实际问题中，我们可以通过物理原理、经验公式和实际推导得到事物变化率和其他量的一些关系式，我们把这样包含位置函数变化率的等式称为微分方程. 而建立、求解和研究动态过程就是数学建模的微分方程方法. 如果我们讨论的对象是一个变化的事物，并且其变化率和其他量有一定的关系，那么找出这个关系的过程中可考虑建立微分方程模型.

微分方程一般根据自变量是单个或多个分为常微分方程和偏微分方程. 未知函数的导数阶数一般不会超过二阶. 由未知函数的个数是单个或是多个分别称为方程或方程组. 基础的偏微分方程根据其性质分为椭圆方程、抛物方程和双曲方程，它们对应的物理方程分别是位势、热传导和波动方程，反映了自然界能量、热扩散和波动的物理现象. 实际中，方程描述的规律已远远超过简单的物理现象.

在实际中，微分方程被大量地应用. 这个方法一般应用于两个方面：第一，通过研究事物的变化规律，列出研究对象所满足的微分方程及其边界或初值条件，然后通过求解或对解的定性研究来解模. 第二，已知研究对象所满足的一般微分方程，但其中的参数不确定. 但我们有大量的实际数据，利用这些实际数据，用统计的方法来确定系数，并进一步通过精确或数值的方法来求解，从而得到一般规律. 这个过程也被称为反问题.

微分方程的求解比较难，只有一些线性方程和少量的非线性方程有解析解. 大量的问题的解无法解析地表达出来. 不过现在我们的计算工具很强大，绝大多数微分方程问题可以通过计算机解决. 解决的方法一般是在微积分极限思想的基础上，用差分近似微分，然后将微分方程转化成代数方程或代数方程组求解. 一些标准的解法甚至做成了固定的软件包. 但我们在学习过程中不能过度依赖软件包，而应明白计算方法，才可以应对各类微分方程问题.

微分方程建模也是一个极富挑战的过程. 首先要求我们对研究对象的变化规律有深刻的理解并可以合理地简化假设. 一般的建模过程也是从微积分的思想入手，将其变化过程分成许多小段，对每一小段时间进行"固化"，然后讨论这个固化段上研究对象所依赖的量，最后让这些小段的长度趋于零而得到连续变化的微分方程.

我们先来看一场魔术表演. 舞台上有一个水箱，魔术师往水箱里注入了粉红色的液体，非常浪漫. 魔术师说这是青春的颜色，青春要成功，要发红. 魔术师在红色的舞台背景下，唱起了励志的歌曲. 和别的魔术不一样，魔术师并没有遮挡水箱，只是在远离水箱的地方唱着歌. 忽然，唱到高潮结尾，他手一指水箱，观众们惊奇地发现，水箱的水变成了紫红色. 魔术师说，这就像一个人追求成功的过程一样，如果他不激流勇退，就会红得发紫. 他在五彩缤纷的背景画面中接着唱起忧郁的歌，唱毕再指水箱，这时水箱的水已变成了紫色. 魔术师说真正的宁静在于经过惊涛骇浪后看透人生，回归自然，如同回到大海的怀抱. 这时舞台背景换成了大海的景象，魔术师又唱起关于海洋的歌曲，唱毕观众们发现水箱中的水变成了蓝色. 在观众们的惊奇尖叫和欢呼声中，魔术师谢了幕.

这个表演乍一看令人难以置信，好像魔术师的歌声使水箱的水改变了颜色，其实是化学变化的结果，只是魔术师是如何控制变色的时间的？要搞清楚这个问题，就要用到数学工具，具体地讲，就是要用微分方程模型解决动态问题.

## 3.1　动态模型的基本理论

### 3.1.1　微分方程

处理动态问题，一般用微分方程(有时简称为方程)作为工具，更详细的内容参见参考文献[13][14].

① 微分方程(组)：凡含有参数、未知函数和未知函数导数(或微分)的方程(组).

② 差分方程：微分方程的离散形式.

③ 常微分方程：未知函数是一元函数的微分方程.

④ 微分方程的阶：微分方程中出现的未知函数最高阶导数的阶数.

⑤ 偏微分方程：未知函数是多元函数的微分方程.

⑥ 二阶偏微分方程：一般分为双曲型方程、抛物型方程和椭圆型方程.

方程的求解还要根据其性质要求有初值/边值条件. 加了初(边)值条件后，我们往往把该问题称为某方程的初(边)值问题.

方程的解，则指能满足方程和初(边)值条件的函数. 如果这个函数能解析地表达，我们把该解称为解析解. 如果找不到解析解，我们可以通过数值的方法，即微分用差分取代通过计算机求解近似解，这个近似解叫数值解. 它们的简单关系大体如图 3.1 所示.

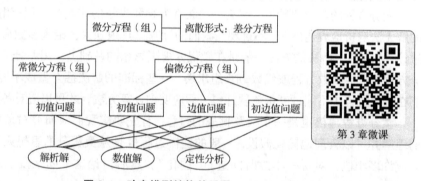

图 3.1　动态模型结构关系图

### 3.1.2　定性分析

研究动态过程，建立微分方程或方程组模型后，主要的问题就是求解问题. 可以得到解析解的方程或方程组并不多. 幸好现在计算机可以帮助我们进行数值计算. 不过在很多时候，我们更关心的是解的性质，所以定性分析也是解模的一个重要手段.

对一般的微分方程(组)

$$\frac{\mathrm{d}\vec{x}}{\mathrm{d}t} = \vec{f}(\vec{x}),$$

如果方程右端与时间 $t$ 无关，我们称方程为自治方程，而让上式左端为零，即所求函数随

时间的变化为零, 即有

$$\vec{f}(\vec{x}) = 0.$$

这个问题解的实根 $\vec{x} = \vec{x}_0$, 我们称为平衡点. 它也是原微分方程的一个特解. 如果在平衡点的一个小领域内的任何一点出发, 随着时间最终解趋于平衡点, 我们称为这个平衡点是稳定的, 否则就是不稳定的. 在应用中, 找到平衡点并分析其稳定性, 这样的分析是非常意义的.

平衡点的稳定性判定有许多方法. 这里只介绍最简单的.

对一维问题: 如果右端函数 $f(x)$ 足够光滑, 那么当 $f'(x_0) > 0$ 时, $x = x_0$ 不稳定, 当 $f'(x_0) < 0$ 时, $x = x_0$ 稳定.

对二维问题: 记 $\vec{x} = (x, y)$, $\vec{x}_0 = (x_0, y_0)$, $\vec{f} = (f_1, f_2)$, 以及

$$p = \left[ -\frac{\partial f_1}{\partial x} - \frac{\partial f_2}{\partial y} \right]_{(x,y)=(x_0,y_0)}, \quad q = \left[ \frac{\partial f_1}{\partial x}\frac{\partial f_2}{\partial y} - \frac{\partial f_1}{\partial y}\frac{\partial f_2}{\partial x} \right]_{(x,y)=(x_0,y_0)}$$

当 $p < 0$ 或 $q < 0$ 时, $(x_1, x_2) = (x_{10}, x_{20})$ 不稳定, 当 $p > 0$, $q > 0$ 时, $(x_1, x_2) = (x_{10}, x_{20})$ 稳定.

相应抛物型方程与时间无关的解叫作平衡解.

更多的稳定性结果可以参考相应的书籍, 如参考文献[13].

### 3.1.3 数值解

满足方程和其初边值条件的函数称为方程问题的解. 然而除了极少数的方程问题有公式解(也称为解析解), 绝大多数问题只能通过计算机求数值解. 解微分方程数值解的基本思想是通过差分离散近似微分, 然后解相应的代数方程或方程组, 方法有显式差分格式、隐式差分格式、有限元等. 数值分析包括误差分析、收敛性、稳定性以及各种算法, 是一门很大的学科, 读者可以参阅参考文献[15].

## 3.2 简单动态模型示例

**问题描述** 本章开始提到的魔术, 表面看起来很神奇, 其实就是一个人人都可以做的化学实验. 问题是魔术师是怎么知道变色的时刻. 或许魔术师是依据经验, 但我们可以应用微分方程精确地计算出变色时间. 作为一个简单问题, 我们来仔细分析一下微分方程模型是如何建立和求解的.

如图 3.2 所示, 在一个容器里加入粉红色的氯化钴溶液, 然后逐滴加入浓盐酸. 当氯化钴溶液和浓盐酸的比例分别变成 1∶0.73、1∶1.07 和 1∶1.53 时, 容器里液体的颜色就会分别变成紫红色、紫色和蓝色. 例如, 在一个干净的试管里加入 0.5mol/L 氯化钴溶液 3mL, 然后逐滴加入浓度为 36% 的浓盐酸. 当加入浓盐酸的体积分别达到 2.2mL、3.2mL 和 4.6mL 时, 溶液的颜色分别变成上述颜色. 舞台上的水箱稍微复杂一些, 因为观众并没有发现水箱里的水多出来. 事实上水箱中有个隐蔽装置, 在上面滴入浓盐酸的同时, 下面以同样的速度滴出混合溶液. 在实验中, 我们用一个较大的容器, 先注满粉红色的 0.5mol/L 的氯化钴溶液. 该容器上下各开一个同样大小的口, 上下口同时开始以相同的速度开流. 上面注入浓盐酸, 下面则流出氯化钴和浓盐酸的混合液. 那么什么时候是容

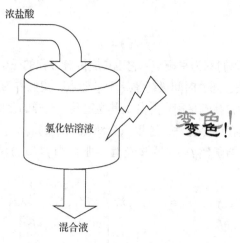

图 3.2　变色实验示意图

器里溶液变色的见证奇迹的时刻呢?

**思路分析**　我们来分析一下. 溶液的体积不变,但容器里氯化钴和浓盐酸的比例一直在变,在一定时间里,它就是一个时间的函数. 变化的原因是比例较大的溶液流走,补充以纯的浓盐酸. 我们要求的是某时刻的浓盐酸在溶液中的溶液比例,所以不妨设在容器里浓盐酸的含量为未知函数. 这个含量的变化率由两个因素决定,一是注入,二是流出. 注入的速度已知是个常数. 流出的速度也是这个常数,但流出的浓盐酸量却时时刻刻在变化,这个量依赖于该时刻容器里的浓盐酸的含量. 这样我们就清楚了这个变化率应满足的关系式. 在一个很小的时间段,浓盐酸含量的变化如下.

　　　　浓盐酸含量在这个小时间段内的变化

　　=注入的浓盐酸−流出的浓盐酸

　　=注入的溶液的速度×时间段长度−流出的溶液的速度×流出溶液里浓盐酸的浓度
　　　　×时间段长度

**模型建立**　现在我们已经做好建模的准备了. 我们先用参数代替具体的数据,将上面的关系式用数学式子表达出来.

先设定变量:问题的自变量是时间 $t$;容器里浓盐酸的含量为函数 $L(t)$;容器容量为 $R$(单位为 L),开始时容器里的溶液浓盐酸的含量为 0;溶液注入和流出的速度均为 $D$(L/min). 然后假设注入后溶液里的浓盐酸立即均匀分布.

从上面分析的结果,取小时刻 $\Delta t = t_2 - t_1$,用假设的字母,可将文字式翻译成下式

$$L(t_2) - L(t_1) = D \times \Delta t - D \times \frac{L(t_1)}{R} \times \Delta t,$$

这里在 $\Delta t$ 这段小时间段里,我们假定容器里的浓度一直保持着 $t_1$ 时刻的水平,即 $\frac{L(t_1)}{R}$. 然后让 $\Delta t$ 趋于零,我们得到一个关于 $L(t)$ 的一阶常微分方程

$$\frac{\mathrm{d}L(t)}{\mathrm{d}t} = D\left(1 - \frac{L(t)}{R}\right)$$

以及初始信息

$$L(0) = 0.$$

这样我们建立了一个数学模型来刻画容器中浓盐酸变化的规律.

**模型求解**  如果参数 $D$、$R$ 都是已知的,那么就可以解出方程

$$L(t) = R\left(1 - e^{-\frac{D}{R}t}\right).$$

如果知道了 $D$ 和 $R$ 的具体的参数,如 $D = 0.1\text{L/min}$,$R = 5\text{L}$,就可以知道各时刻容器中浓盐酸的含量和浓度,从而可以精准预测出此时此刻溶液的颜色. 变色曲线如图 3.3 所示. 换句话说,我们就可以求出溶液从粉红色分别变成紫红色、紫色和蓝色的时间. 读者可以自己算一下,也可以自己做个实验进行检验.

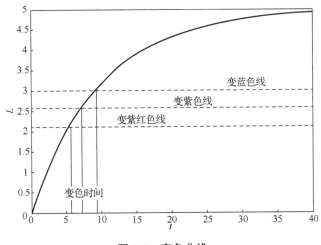

**图 3.3  变色曲线**

可以通过颜色变化来估计氯化钴和浓盐酸的混合液的溶液浓度,但很多化学试剂却没有这个性质,不过我们仍然可以通过上述计算来算出特定时刻的化学试剂浓度.

从这个例子可以看出,当一个变化过程的规律已知时,用微分方程的方法建模可以精确地刻画出这个规律. 对于其他问题,具体问题需要具体分析,需要请教相关专家,学习人们已经掌握的这方面的规律(包括经验公式). 读者可以通过对大量实际问题的讨论、学习和研究,提高这方面的能力.

# 3.3  差分方程模型应用

我们有时把差分方程处理的也视动态过程,不过其变量是通过一序列 $x_1$,$x_2$,…,$x_n$,…来表示,而所求的函数值在不同的序列点 $f(x_1)$,$f(x_2)$,…,$f(x_n)$,…上互相之间有关系.

我们来看一个经济学中的蛛网模型.

**问题描述**  经济学中认为,商品的本期产量由前一期的价格决定,而商品本期的需求量由本期的价格决定.

**思路分析**  生产时间节点为 $t_1$,$t_2$,…,$t_n$,…,某商品在时间 $t_n$ 的产量 $f(t_n)$ 由前一

期的价格 $P(t_{n-1})$ 线性决定，即供给函数为 $f(t_n)=-a+bP(t_{n-1})$，而该期商品的需求量 $g(t_n)$ 由本期的价格 $P(t_n)$ 线性决定，即需求函数为 $g(t_n)=c-dP(t_n)$，这里 $a$、$b$、$c$、$d$ 是正常数，分别代表生产基本消耗、供给弹性系数、基本需求和需求弹性系数。如果生产安排合理，那么需求量应该等于产量，则有 $f(t_n)=g(t_n)$。

**模型建立**　将 $f(t_n)$、$g(t_n)$ 的表达式代入，我们就得到一个关于价格函数的差分关系式

$$c-dP(t_n)=-a+bP(t_{n-1}),$$

或者写成递推关系式

$$P(t_n)=\frac{c+a}{d}-\frac{b}{d}P(t_{n-1}).$$

**模型求解**　解这个差分方程并不难。可以通过直接解模来讨论其解的性质。迭代上式，可以得到第 $n$ 期的价格 $P(t_n)$ 关于初始价格 $P(t_0)$ 的关系

$$P(t_n)=\left(\frac{c+a}{d}\right)\sum_{i=0}^{n-1}\left(-\frac{b}{d}\right)^i+\left(-\frac{b}{d}\right)^n P(t_0).$$

把式中的等比级数写出来，也可以把这个解写成

$$P(t_n)=\left(\frac{c+a}{b+d}\right)\left(1-\left(-\frac{b}{d}\right)^n\right)+\left(-\frac{b}{d}\right)^n P(t_0).$$

从这个模型我们可以看出，$a$、$b$、$c$、$d$ 这 4 个系数决定了价格的走势，这里，实际上只有 2 个参数，分别记为

$$A=\frac{c+a}{d},\ B=\frac{b}{d},$$

我们可以分别把它们称为收敛型、发散型和稳定型蛛网。

（1）当 $B<1$，即供给弹性小于需求弹性时，$(-B)^n$ 将趋于 0，$P(t_n)$ 趋于均衡点为 $\dfrac{A}{1+B}$ $=\dfrac{c+a}{b+d}$。这表明需求弹性大，价格变化相对较小，进而由价格引起的供给变化则更小，因而由供给引起的价格变化随着时间越来越不起作用。这种情况就是收敛型情形。图 3.4 中，参数设为 $a=1$，$b=1$，$c=3$，$d=2$，$P(0)=1$，即 $A=2$，$B=0.5$。

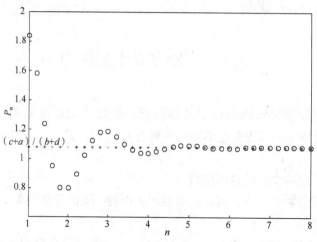

**图 3.4　蛛网稳定图**

（2）当 $B>1$，即供给弹性大于需求弹性时，$(-B)^n$ 将趋于无穷，$P(t_n)$ 发散. 这表明当市场由于受到外力的干扰偏离原有的均衡状态后，实际价格和实际产量偏离均衡点越来越远. 其原有的均衡状态是不稳定的. 这也意味着产量可以无限供给，价格可以无限提高. 这就是发散型的情形. 图 3.5 中，参数设为 $a=1$，$b=2$，$c=3$，$d=1$，$P(0)=1$，即 $A=4$，$B=2$.

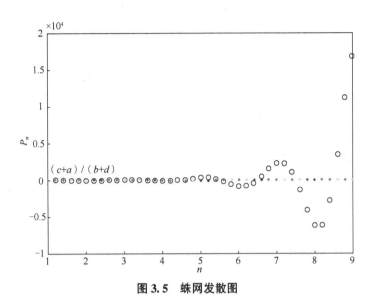

**图 3.5　蛛网发散图**

（3）当 $b=d$，即供给弹性等于需求弹性时，$(-b/d)^n$ 趋于 $\pm 1$，当市场由于受到外力的干扰偏离原有的均衡状态以后，实际产量和实际价格始终按同一幅度围绕平衡点上下波动，既不进一步偏离平衡点，也不逐步地趋向平衡点. 这就是震荡稳定型的情形. 图 3.6 中，参数设为 $a=1$，$b=1$，$c=3$，$d=1$，$P(0)=1$，即 $A=4$，$B=1$.

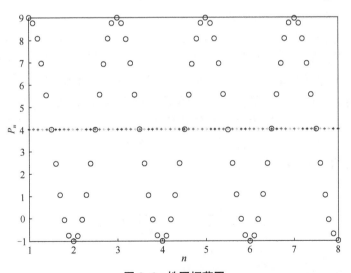

**图 3.6　蛛网振荡图**

蛛网模型解释了某些生产周期较长的商品的产量和价格的波动情况，在经济学里是一个有意义的动态分析模型. 模型的缺陷则是没有考虑生产者的预期行为.

西方经济学家阿西玛普罗斯举出了以下的事例.

在美国，1972 年由于暴风雨的恶劣气候，土豆产量大幅度下降，从而土豆价格上涨. 因此，农场主便扩大土豆的种植面积，使土豆产量在 1974 年达到历史最高水平. 结果，土豆供给量大幅度增加，导致土豆价格又急剧下降. 以缅因州土豆为例，0.453 6kg 土豆的价格由 1974 年 5 月的 13 美分降为 1975 年 3 月的 2 美分，该价格比平均生产成本还低. 这种现象可以用蛛网模型来解释. 作为补充，阿西玛又举了一个特殊的例子来说明蛛网模型的缺陷：在普林斯爱德华岛屿，当农场主们都因土豆价格下降而缩减土豆的种植面积时，有一个农场主不是这样做的. 因为这个农场主根据其长期的经营经验，相信土豆价格将上升，而眼下正是自己增加土豆产量的时候. 可见，这个农场主的预期和行为与蛛网模型所分析的情况是不吻合的.

可用蛛网模型解释我们常见的市场猪肉、绿豆等农产品价格上下波动的实际情况，根据实际数据，预测未来价格走向.

# 3.4 常微分方程模型应用

对于只有一个自变量的微分方程，我们常称其为常微分方程. 我们通过一个采药场的问题来应用这个方法建立模型.

## 3.4.1 滞阻模型

**问题描述** 考虑一个采药场. 药场的药材不能通过人工培植获得，只能自然繁殖，除去自然损耗，其正常的增长率为一常数，但药材的密度超过一定水平后，其繁殖将受到限制. 限制分 2 种，第 1 种是药材的增长率符合滞阻模型假设，第 2 种是增长率与药材的超水平密度成反比. 建立模型刻画药材的增长规律，并安排最优的生产计划，计算药材的出场率（即单位时间采药量与在药场里的药材量的比例）.

**思路分析** 这种与繁殖率有关的问题大多数可以参考人口模型. 最有名的人口模型是马尔萨斯指数模型. 但马尔萨斯模型是假定人口增长没有任何约束的，从而不符合药场面积有限的前提，因此不能套用. 但我们仍然可以借用其刻画繁殖增长的过程以及这个过程所导出的常微分方程这也和滞阻模型（也叫逻辑回归模型）比较接近. 另外两个限制假设将对滞阻模型进行修正，从而解的方法也有所不同.

假设在逻辑回归模型里，增长率受阻，$r(t) = k(1 - N(t)/N_m)$，这里 $N_m$ 表示药场最大的容忍密度，初始时刻药材密度为 $N_0$.

**模型建立** 方程问题为

$$\begin{cases} \dfrac{\mathrm{d}N}{\mathrm{d}t} = k\left(1 - \dfrac{N}{N_m}\right)N, \\ N(0) = N_0. \end{cases}$$

**模型求解** 该方程可分离变量，其解为

$$N(t) = \frac{N_m}{1 + \left(\dfrac{N_m}{N_0} - 1\right)\mathrm{e}^{-kt}}.$$

对这个模型可以进行一些简要分析.

（1）当 $t \to \infty$，$N(t) \to N_m$ 时，即无论初始药材种植密度如何，$N(t)$ 不会超过 $N_m$，并趋向于极限值 $N_m$.

（2）当 $0 < N < N_m$ 时，$\dfrac{\mathrm{d}N}{\mathrm{d}t} = k\left(1 - \dfrac{N}{N_m}\right)N > 0$，这说明 $N(t)$ 是时间 $t$ 的单调递增函数.

由于 $\dfrac{\mathrm{d}^2 N}{\mathrm{d}t^2} = k^2\left(1 - \dfrac{N}{N_m}\right)\left(1 - \dfrac{2N}{N_m}\right)N$，所以当 $0 < N < \dfrac{N_m}{2}$ 时，$\dfrac{\mathrm{d}^2 N}{\mathrm{d}t^2} > 0$，即 $\dfrac{\mathrm{d}N}{\mathrm{d}t}$ 单增；当 $\dfrac{N_m}{2} < N < N_m$ 时，$\dfrac{\mathrm{d}^2 N}{\mathrm{d}t^2} < 0$，即 $\dfrac{\mathrm{d}N}{\mathrm{d}t}$ 单减. 增长率 $\dfrac{\mathrm{d}N}{\mathrm{d}t}$ 由增变减，在 $\dfrac{N_m}{2}$ 处最大，也就是说在药材密度达到极限值一半以前是加速增长期，过了这一点后，增长的速率逐渐变小，并趋于零，这段是减速增长期.

### 3.4.2　密度限制模型

**问题描述**　同滞阻模型.

**思路分析**　假设药的自然增长率为 $r_0$；时间 $t$ 时，药场里的药材密度为 $N(t)$，受限密度为 $N_D$，当 $N(t) > N_D$ 时，药材的增长率在两种情况下分别为 $r_1(t)$，$r_2(t)$，增长率受限制，反比例系数为 $\alpha$；$t = 0$ 的初始时刻药材密度为 $N_0$，假定 $N_0 < N_D$.

**模型建立**　药材的增长分为两个部分：当药场里的药材密度小于 $N_D$ 时，药材的增长没有限制，它们按照自然增长率 $r_0$ 增长；当其密度大于 $N_D$ 时，增长率受限. 题目中给了两种受限方式.

第 1 种方式：$r_1(t) = \dfrac{\alpha}{N(t)}$，此时由于 $r_1(t)$ 的连续性，容易求出 $\alpha = r_0 N_D$. 此时药场里药材的增长率为

$$r_1(t) = r_0 1_{N<N_D} + \frac{r_0\alpha}{N} 1_{N>N_D} = \left(r_0 H(N_D - N) + \frac{r_0\alpha}{N} H(N - N_D)\right).$$

第 2 种方式：$r_2(t) = \min\left\{r_0, \dfrac{\alpha}{N(t) - N_D}\right\}$. 也容易求出 $N(t) > N_D + \dfrac{\alpha}{r_0}$ 时，增长率为 $r(t) = \dfrac{\alpha}{N(t) - N_D}$. 此时药场里药材的增长率为

$$r_2(t) = r_0 1_{N<N_D+\frac{\alpha}{r_0}} + \frac{\alpha}{N-N_D} 1_{N>N_D+\frac{\alpha}{r_0}} = \left(r_0 H\left(N - N_D - \frac{\alpha}{r_0}\right) + \frac{\alpha}{N-N_D} H\left(N_D - N + \frac{\alpha}{r_0}\right)\right).$$

这里 $1_A = \begin{cases} 1, & \text{如果 A 发生}, \\ 0, & \text{如果 A 不发生}, \end{cases}$ $H(x)$ 是 Heaviside 函数.

**模型求解**　按题意，以第 2 种方式为例，在无采药的情形下，药场里药材的密度满足常微分方程

$$\frac{\mathrm{d}N}{\mathrm{d}t} = \left(r_0 H\left(N - N_D - \frac{\alpha}{r_0}\right) + \frac{\alpha}{N-N_D} H\left(N_D - N + \frac{\alpha}{r_0}\right)\right)N,$$

加上初始条件 $N(0) = N_0$，我们就可以解出数值解.

### 3.4.3 最优采药模型

我们知道，研究数学模型，重要的事情是应用，我们要了解药场里药材的增长情况，并合理安排采药计划. 如果采药量少了，会造成浪费，如果采药量太多，将使药材难以恢复生长，以至于难以维持今后的生产. 所以找到这个最优采药量对我们制定合理的可持续发展的生产计划是有一个很大的帮助.

我们先在滞阻模型的基础上讨论问题.

**问题描述**　同滞阻模型.

**思路分析**　采药强度为 $\mu$，即采药率为 $\mu N$，其他假定与滞阻模型相同.

**模型建立**　将滞阻模型改进成为

$$\begin{cases} \dfrac{\mathrm{d}N}{\mathrm{d}t} = k\left(1 - \dfrac{N}{N_m}\right)N - \mu N \triangleq f(N), \\ N(0) = N_0. \end{cases}$$

**模型求解**　我们要用到稳定性理论来寻找最优的 $\mu$. 假定我们按照采药强度 $\mu$ 来采药. 最后，药场里的药材数量稳定到一个值 $\bar{N}$. 不难解出，问题有两个平衡解

$$\bar{N} = 0, \quad N_m(k-\mu)/k,$$

并且

$$f'(0) = k - \mu, \quad f'(N_m(k-\mu)/k) = \mu - k,$$

所以由 3.1.2 节的稳定性理论，我们有当 $\mu < k$ 时，$\bar{N} = 0$ 不稳定，$\bar{N} = N_m(k-\mu)/k$ 稳定，此时，药场将有一个趋于稳定的药材产量；反之，如果采药强度超出药材的繁殖能力，则药场里的药材将趋于零，这也与我们的常识相符. 对于稳定的非零平衡解，现令

$$F(\mu) = f(\bar{N}, \mu) + \mu\bar{N} = \mu\frac{N_m(k-\mu)}{k}.$$

现在我们关心的是，用多大的采药强度可以获得最大的可持续采药的产量，也就是使得药场里的药材和采出的药材总和最大，即 $F(\mu)$ 取得最大值. 为此我们对 $F(\mu)$ 关于 $\mu$ 求导，得到

$$F'(\mu) = \frac{N_m(k-\mu)}{k} - \frac{N_m\mu}{k} = 0,$$

只要

$$\mu = k/2,$$

也就是说，只要我们保持采药的强度为药场自然增长率的一半，就能获得持续性的采药产量的最大收益. 为此安排采药许可量，强制休采期，就可以达到持续高产的目的.

可将此模型推广到其他方面，如森林砍伐、渔场捕鱼、原野狩猎等方面.

## 3.5　常微分方程组模型应用

在我们的地球上，各种生物种群相依相争，形成了丰富多彩的大自然. 研究它们之间

的关系是一个很有意思的问题. 从数学建模的角度来讲, 这一定是一个多变量的变化问题, 最简单的也是有两个种群变量. 这两个变量之间的关系可以是捕食关系(如狼和羊), 也可以是竞争关系(如针叶林和阔叶林), 还可以是合作关系(如食果动物和产果植物). 当将两个种群变量的关系研究清楚后, 我们还可以将这些研究扩展到更复杂的三个种群变量甚至更多的变量. 生态问题是建模基本模型人口问题的一个拓展, 基本的模型都是微分方程模型, 只不过生态问题更关心种群间互相依存、互相争斗的此消彼长, 所以一般都是微分方程组的问题, 而解模更多的是讨论定性问题.

既然是生态问题, 必然涉及出生率、死亡率和增长率的概念. 容易理解, 有

$$增长率=出生率-死亡率.$$

我们还是从最简单的情况开始讨论.

假如大自然中只有两个物种, 种群数分别是 $x(t)$, $y(t)$, 而它们的增长率分别是自己和对手种群数的光滑函数, 分别记为 $M(x,y)$, $N(x,y)$, 则两种群生态问题的基本模型就是

$$\frac{\mathrm{d}x}{\mathrm{d}t}=xM(x,y), \quad \frac{\mathrm{d}y}{\mathrm{d}t}=yN(x,y).$$

这两种群之间的关系分别为捕食、竞争和合作, 不难理解, 这些关系是由两个增长率函数的导数确定, 即通过对方种群的增长对自己的增长率是否有利来确定这种关系.

捕食型:

$$\frac{\partial M}{\partial y}<0, \quad \frac{\partial N}{\partial x}>0.$$

竞争型:

$$\frac{\partial M}{\partial y}<0, \quad \frac{\partial N}{\partial x}<0.$$

共助型:

$$\frac{\partial M}{\partial y}>0, \quad \frac{\partial N}{\partial x}>0.$$

在下面的几节里, 我们分别对这几种关系进行进一步的分析求解.

## 3.5.1 捕食模型

最简单的捕食模型涉及两个变量, 即捕食种群和被捕食种群, 被捕食种群有时也被称为食物. 以狼和羊的模型为例.

**问题描述** 草地上有两个种群, 狼和羊. 羊以草为生, 狼以羊为生. 草地资源无限. 羊的自然增长率为一个常数, 狼的自然增长率与羊有关, 食物丰盛时增长率大, 反之则小, 没有食物将绝种. 那么随着时间增长, 狼和羊的数量将如何变化?

**思路分析** 羊的生长不受资源限制, 就是自然增长率 $r$, 但其数量除了自然繁殖, 还要减去被狼吃掉的数量, 而且减员的多少和狼的数量成正比. 狼只以羊为生长资源, 那么狼的增长率和羊的数量有关, 当羊太少时, 狼就会因为没有充足的食物而减少, 甚至绝种.

狼和羊的数量分别为 $y(t)$, $x(t)$, 羊的自然增长率为 $r$; 狼以羊为生长资源. 狼的增

长率与羊的多少有关，其最低食物需求量为 $A$，即这个增长率与 $x-A$ 成正比，比例系数是 $\alpha$. 羊群的减少率和狼群的数量成正比，比例系数为 $\beta$. 这里，$r$，$A$，$\alpha$，$\beta$ 为正常数.

**模型建立**　有了狼群的增长率，狼群的数量满足

$$\frac{\mathrm{d}y}{\mathrm{d}t} = \alpha y(x-A),$$

而羊群的数量除了涉及自然增长的数量，还有被狼吃掉的数量，即

$$\frac{\mathrm{d}x}{\mathrm{d}t} = x(r-\beta y),$$

这样，我们就得到一个联立方程组，把这个方程组称为 Lotka-Volterra 捕食方程.

**模型求解**　虽然狼和羊的种群数都是时间的函数，但对于这类问题，直接求出解析解的困难比较大. 我们换一个思考方式，其实我们更关心的是狼和羊之间的此消彼长. 所以这个方程组一般可采用相轨线方法求解，即将两个方程除一下，得到

$$\frac{\mathrm{d}y}{\mathrm{d}x} = \frac{\alpha y(x-A)}{x(r-\beta y)},$$

解这个方程，重写得

$$(r-\beta y)\frac{\mathrm{d}y}{y} = \alpha(x-A)\frac{\mathrm{d}x}{x},$$

不难得到方程的通解为

$$r\ln y - \beta y - \alpha x + A\ln x = C',$$

或者

$$\frac{\mathrm{e}^{\alpha x+\beta y}}{x^A y^r} = C,$$

这里 $C$ 是任意常数.

再观察关于狼和羊的两个方程，如果当时间趋于无穷大时，绝对增长率趋于零，我们就得到一个极限点

$$(\bar{x}, \bar{y}) = (A, r/\beta),$$

这是该问题的唯一平衡解. 由计算可见，也可以证明相轨线根据 $C$ 的不同，是一组以 $(\bar{x}, \bar{y})$ 为心的封闭圈，初始的 $(x_0, y_0) > 0$ 取定后，$(x, y)$ 就沿着过该点的相轨线循环变动，其动向是逆时针的，并且既不会趋零，也不会趋于无穷（见图 3.7 和图 3.8）.

但其极端形式是 $C=0$. 此时问题的解是或者 $x=0$，或者 $y=0$. 如果是前者，这意味着食物数量为零，这时捕食者的变化率为负，即捕食种群数不断下降，直至为零，通俗地讲，就是最后都被饿死了；而如果是后者，那么捕食者的变化率为正，最后种群数趋于无穷，即被捕食者没有天敌，最后数量无限制地增长.

这个模型是个简化模型，但却是一个数学模型揭示变化规律的极好的例子. 有人质疑在实际的捕食系统中，很难观察到物种的振荡周期现象，而且，如果没有天敌，物种数量将趋于无穷这一说法也与事实不符. 如同人口模型的发展，这说明模型需要改进.

改进模型的步骤，第一步通常是反审假设，看看有什么假设太过松散，脱离了实际. 在这个问题上，假设草地资源无限，是不符事实的. 类似人口的滞阻模型，环境对种群是

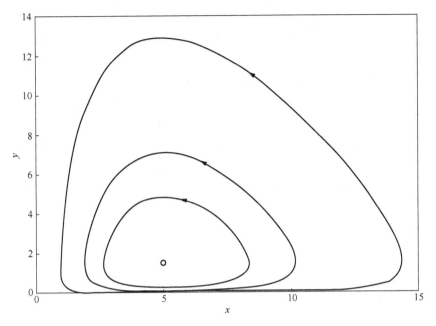

图 3.7　狼和羊的稳定极限圈

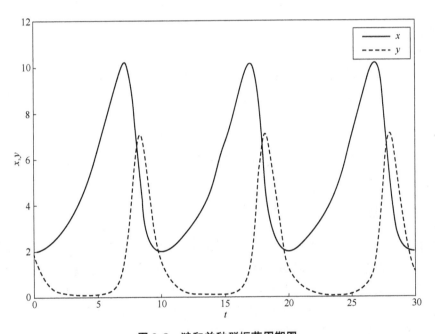

图 3.8　狼和羊种群振荡周期图

有限制的. 同样我们也可以把环境滞阻的因素考虑进来. 这样问题就变成一个更一般的
形式

$$\frac{\mathrm{d}x}{\mathrm{d}t} = r_x x \left( 1 - \frac{\beta y}{N_y} - \frac{x}{N_x} \right),$$

$$\frac{\mathrm{d}y}{\mathrm{d}t} = r_y y \left( -1 + \frac{\alpha x}{N_x} - \frac{y}{N_y} \right),$$

这里 $\alpha$，$\beta$，$r_x$，$r_y$，$N_x$，$N_y$ 为正常数，$N_y$，$N_x$ 分别是系统环境中所能容忍的两物种的最大种群数. 我们同样可以通过相轨线进行分析，也可以通过 3.1.2 节介绍的方法分析平衡点的稳定性.

如同 3.1.2 节所讨论的，改进问题有 4 个平衡点，分别是

$$(0,0), \quad (N_x,0), \quad (0,-N_y), \quad \left( \frac{N_x(1+\beta)}{1+\alpha\beta}, -\frac{N_y(1-\alpha)}{1+\alpha\beta} \right).$$

根据 3.1.2 节的判定方式，我们来计算 $p$、$q$ 在平衡点上的值，如表 3.1 所示.

表 3.1　捕食模型平衡点

| 平　衡　点 | $p$ | $q$ | 稳定性条件 |
|---|---|---|---|
| $(0,0)$ | $-r_x+r_y$ | $-r_x r_y$ | 不稳定 |
| $(N_x,0)$ | $r_x+(1-\alpha)r_y$ | $(1-\alpha)r_x r_y$ | $\alpha<1$ |
| $(0,-N_y)$ | | | 不存在 |
| $\left( \frac{N_x(1+\beta)}{1+\alpha\beta}, -\frac{N_y(1-\alpha)}{1+\alpha\beta} \right)$ | $\dfrac{r_x(1+\beta)-r_y(1+\alpha)}{1-\alpha\beta}$ | $\dfrac{r_x r_y(1+\alpha)(1+\beta)}{1-\alpha\beta}$ | $\alpha\beta>1$ 并且 $r_x(1+\beta)>r_y(1+\alpha)$ |

由表 3.1 可知如下信息.

（1）狼和羊种群数量最后不太可能全为零.

（2）当狼对羊依赖的增长系数小于 1 时，羊的数量最后将达到最大值，而狼将消亡；当 $\alpha\beta>1$ 且 $r_x(1+\beta)>r_y(1+\alpha)$ 时，狼和羊共存并且二者的数量最后将趋向于一个稳定值.

该模型可推广到依赖类的系统. 例如，经济领域某一商品的生产依赖于某种具有固定增长率的原料，则无序、过度地开发将造成资源枯竭，进而使商品无法生产. 可推广此模型进行优化安排.

### 3.5.2　竞争模型

**问题描述**　竞争模型以森林里的针叶林和阔叶林为例. 一般情况下，阔叶林生长在热带，针叶林生长在寒温带，所以阔叶林一般长得比较快. 但随着地域的变化，针叶林和阔叶林的生长因素也在发生变化. 特别是在针叶林和阔叶林混合的森林里，二者为了争夺有限资源各展奇招. 此时针叶林繁殖较快，抢占了大量的土地和水资源，而阔叶林生长较快，以高制胜，占据了大量空间和阳光. 在竞争中，当某一种群数增加时，另一总群数将会减少. 我们可以用数学模型来描述一下，看看在什么情况下，两树种数量达到平衡，以及在什么情况下，其中的一个树种被驱逐.

**思路分析**　假设针叶林和阔叶林的数量分别为 $x(t)$，$y(t)$，它们的自然增长率分别为 $r_x$，$r_y$. 我们假定森林容忍它们的最大种群数分别是 $N_y$，$N_x$. 针叶林和阔叶林的增减分别造成对方种群的减增，交叉影响因子分别为 $\alpha$ 和 $\beta$. 这里 $r_x$，$r_y$，$N_x$，$N_y$，$\alpha$，$\beta$ 都是正常数.

由于竞争，种群数此消彼长，加上考虑阻滞模型，阻滞不仅来自自身的种群增长，也

来自他种群的增长，所以各种群的增长率皆为自然增长率减去自群的增长阻滞和他群的增长阻滞，所以形成一个方程系统.

**模型建立**　根据分析，结合阻滞模型，竞争模型为

$$\frac{\mathrm{d}x}{\mathrm{d}t}=r_x x\left(1-\frac{\beta y}{N_y}-\frac{x}{N_x}\right),$$

$$\frac{\mathrm{d}y}{\mathrm{d}t}=r_y y\left(1-\frac{\alpha x}{N_x}-\frac{y}{N_y}\right),$$

模型中，有两个参数与过去的模型不同，它们也成了这个模型特有的部分，这就是 $\alpha$，$\beta$ 参数.

**模型求解**　求解平衡解系统

$$\begin{cases} r_x x\left(1-\dfrac{\beta y}{N_y}-\dfrac{x}{N_x}\right)=0, \\[2mm] r_y y\left(1-\dfrac{\alpha x}{N_x}-\dfrac{y}{N_y}\right)=0. \end{cases}$$

我们得到如下 4 个平衡点(见图 3.9)

$$(0,0),\ (N_x,0),\ (0,N_y),\ \left(\frac{N_x(1-\beta)}{1-\alpha\beta},\frac{N_y(1-\alpha)}{1-\alpha\beta}\right).$$

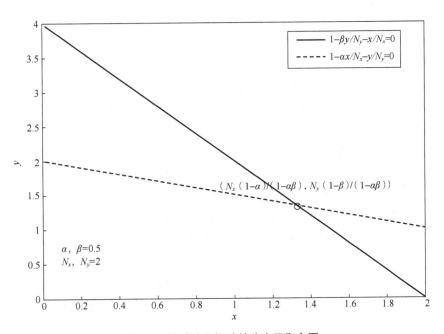

图 3.9　针叶林和阔叶林稳定平衡点图

下面要讨论这些平衡点的稳定性.

首先，这些平衡点必须位于第一象限中才有意义，这个条件对前 3 个点没有影响，对第 4 个平衡点，或者 $\alpha$，$\beta<1$，或者 $\alpha$，$\beta>1$. 如果 $\alpha$，$\beta=1$ 或 $\alpha\beta=1$，那么这个平衡点将消失.竞争模型的平衡点如表 3.2 所示.

**表 3.2 竞争模型平衡点**

| 平 衡 点 | $p$ | $q$ | 稳定性条件 |
|---|---|---|---|
| $(0,0)$ | $-r_x-r_y$ | $r_xr_y$ | 不稳定 |
| $(N_x,0)$ | $r_x-r_y(1-\alpha)$ | $-(1-\alpha)r_xr_y$ | $\alpha>1,\ \beta<1$ |
| $(0,N_y)$ | $-r_x(1-\beta)+r_y$ | $-(1-\beta)r_xr_y$ | $\alpha<1,\ \beta>1$ |
| $\left(\dfrac{N_x(1-\beta)}{1-\alpha\beta},\dfrac{N_y(1-\alpha)}{1-\alpha\beta}\right)$ | $\dfrac{r_x(1-\beta)+r_y(1-\alpha)}{1-\alpha\beta}$ | $\dfrac{r_xr_y(1-\alpha)(1-\beta)}{1-\alpha\beta}$ | $\alpha<1,\ \beta<1$ |

从稳定性分析的结果可以看出，交叉系数 $\alpha$，$\beta$ 起关键作用. 如果针叶林的增长对阔叶林造成的阻滞系数大于 1，阔叶林对自己的阻滞系数小于 1，则针叶林将阔叶林逐出森林，反之，则阔叶林将针叶林逐出森林. 如果它们之间相互的阻滞系数都小于 1，则最后竞争的稳定结果是它们互存共生，针叶林和阔叶林各占森林的一片天地.

此模型可推广到其他竞争行为，如市场竞争. 市场资源有限，几家竞争扩散，最后的结果，或驱逐被驱逐，或共存分享市场蛋糕.

### 3.5.3 共助模型

**问题描述** 自然界中，种族的共助现象也是非常普遍的，如海葵固着在寄居蟹所寄居的螺壳上，通过寄居蟹的运动扩大其取食范围，反过来寄居蟹可以利用海葵的刺细胞防御敌害. 再如，食果动物以植物的果实为生，同时通过粪便把植物的种子散布开来，并为种子的发育成长提供营养. 在共助现象中，对方种群的增长有助于己方种群的增长. 在这个模型中我们以食果动物和产果植物为例来讨论.

**思路分析** 食果动物和产果植物的数量分别为 $y(t)$，$x(t)$，它们的自然增长率分别为 $r_x$，$r_y$；环境容忍它们的最大种群数分别是 $N_y$，$N_x$. 两种群的增减有助于对方种群的增减，影响因子分别为 $\alpha$，$\beta$. 这里 $r_x$，$r_y$，$N_x$，$N_y$，$\alpha$，$\beta$ 都是正常数.

与竞争模型相反，共助模型中增长率与对方种群数应该正相关，同样在阻滞模型的框架下，我们可以沿用其建模的思想，并将竞争模型中他群前面的负号改为正号. 这里又有 3 种情形：第 1 种情形，两种种群互惠却不依赖对方；第 2 种情形，其中一种种群完全依赖于另一种群，但另一种群得到益处却并不依赖前一种种群，这时，前一种种群的自然增长率为负，即 $-r_x$；第 3 种情形，两种种群互相依赖，这时它们的自然增长率都为负，即分别为 $-r_x$ 和 $-r_y$.

**模型建立** 由分析，我们有
情形 1

$$\frac{\mathrm{d}x}{\mathrm{d}t}=r_xx\left(1+\frac{\beta y}{N_y}-\frac{x}{N_x}\right),$$

$$\frac{\mathrm{d}y}{\mathrm{d}t}=r_yy\left(1+\frac{\alpha x}{N_x}-\frac{y}{N_y}\right),$$

情形 2

$$\frac{\mathrm{d}x}{\mathrm{d}t} = r_x x \left( 1 + \frac{\beta y}{N_y} - \frac{x}{N_x} \right),$$

$$\frac{\mathrm{d}y}{\mathrm{d}t} = r_y y \left( -1 + \frac{\alpha x}{N_x} - \frac{y}{N_y} \right),$$

情形 3

$$\frac{\mathrm{d}x}{\mathrm{d}t} = r_x x \left( -1 + \frac{\beta y}{N_y} - \frac{x}{N_x} \right),$$

$$\frac{\mathrm{d}y}{\mathrm{d}t} = r_y y \left( -1 + \frac{\alpha x}{N_x} - \frac{y}{N_y} \right),$$

**模型求解**　如前我们讨论情形 1 平衡解的稳定性, 其平衡点为

$$(0,0), \ (N_x,0), \ (0,N_y), \ \left( \frac{N_x(1+\beta)}{1-\alpha\beta}, \frac{N_y(1+\alpha)}{1-\alpha\beta} \right),$$

计算 $p$, $q$ 来讨论这些平衡解的稳定性, 如表 3.3 所示.

**表 3.3　共助模型平衡点**

| 平　衡　点 | $p$ | $q$ | 稳定性条件 |
|---|---|---|---|
| $(0,0)$ | $-r_x-r_y$ | $r_x r_y$ | 不稳定 |
| $(N_x,0)$ | $r_x-(1+\alpha)r_y$ | $-(1+\alpha)r_x r_y$ | 不稳定 |
| $(0,N_y)$ | $r_y-(1+\beta)r_x$ | $-(1+\beta)r_x r_y$ | 不稳定 |
| $\left( \dfrac{N_x(1+\beta)}{1-\alpha\beta}, \dfrac{N_y(1+\alpha)}{1-\alpha\beta} \right)$ | $\dfrac{r_x(1+\alpha)+r_y(1+\beta)}{1-\alpha\beta}$ | $\dfrac{r_x r_y(1+\alpha)(1+\beta)}{1-\alpha\beta}$ | $\alpha\beta<1$ |

情形 2 的平衡点为

$$(0,0), \ (N_x,0), \ (0,-N_y), \ \left( -\frac{N_x(1-\beta)}{1-\alpha\beta}, -\frac{N_y(1-\alpha)}{1-\alpha\beta} \right),$$

而情形 3 的平衡点为

$$(0,0), \ (-N_x,0), \ (0,-N_y), \ \left( -\frac{N_x(1+\beta)}{1-\alpha\beta}, -\frac{N_y(1+\alpha)}{1-\alpha\beta} \right).$$

读者可以沿用前面的方法讨论这些平衡点的稳定性.

互不依赖的共生种群不会驱逐对方种群, 所以, 某种群为零的平衡解都是不稳定的. 该模型同样可推广到经济市场行为中.

## 3.6　偏微分方程模型应用

如果变量不仅关于时间有变化, 关于空间也有变化, 那么常微分方程模型就不够用了, 这时需要用到偏微分方程.

**问题描述**　如果"脏弹"发生爆炸，那么"脏弹"放出的污染物将以爆炸点为中心向四周迅速扩散，形成一个近似于圆形的污染区域. 随着时间推移，这个区域将逐渐增大，污染也逐渐减弱，最后完全消失. 我们需要建立一个相应的数学模型来描述污染的扩散和消失的过程，并分析消失的时间与哪些因素有关.

**思路分析**　爆炸引起的污染扩散可以看成无穷空间由瞬时点源导致的扩散过程. 能够用二阶抛物型偏微分方程描述其浓度的变化规律. 整个建模过程应当包括刻画污染浓度的变化规律和仪器辨别污染的描述、污染区域边界的变化过程等.

我们假设以下情况：

（1）"脏弹"的爆炸看作是在空中某一点向四周等强度地瞬时释放污染物，污染总量为 $Q$，污染物在空间扩散，扩散系数为 $k$；

（2）不考虑高度，不计风力和大地的影响；

（3）污染物的传播遵从扩散定律；

（4）沿着爆炸中心射线有一排测量仪器点，仪器只返回两个值——"污染"和"不污染"，即污染值超过某阈值 $L$ 则返回"污染"，否则返回"不污染"，近似认为测量结果 $I$ 是时间 $t$ 和爆炸半径 $r$ 的两值函数.

（5）爆炸时刻记为 $t=0$，爆炸点为坐标原点，污染浓度记为 $C(r,t)$.

**模型建立**　由假设情况（1），（2），（3）和（5）可知，污染浓度 $C(r,t)$ 满足热传导方程的初值问题

$$\begin{cases} C_t - k^2\left(C_{rr} + \dfrac{1}{r}C_r\right) = 0, \\ C(r,0) = Q\delta(0), \end{cases}$$

其中 $\delta(\cdot)$ 为 Dirac 函数.

由假设（4），有

$$I(r,t) = \begin{cases} 1, & \text{如果 } C(r,t) \geq L, \\ 0, & \text{如果 } C(r,t) < L. \end{cases}$$

**模型求解**　由偏微分方程的理论，我们可以求出 $C(r,t)$ 的 Poisson 解

$$C(r,t) = \frac{Q}{2k\sqrt{\pi t}} e^{-r^2/(4k^2 t)},$$

所以，在 $(0,0)$ 附近，$C(r,t)$ 将非常大，测量仪器将返回"污染"，而 $t$ 很大或 $r$ 很大，$C(r,t)$ 将很小，测量仪器将返回"无污染". 所以污染边界为

$$\frac{Q}{2k\sqrt{\pi t}} e^{-r^2/(4k^2 t)} = L,$$

即

$$r = \sqrt{-(4k^2 t)\ln\left(\frac{2Lk\sqrt{\pi t}}{Q}\right)}.$$

这个解具有显式表达式，而且我们可以通过微积分工具分析，污染达到 $L$ 最远的距离一定满足

$$\frac{\mathrm{d}r}{\mathrm{d}t}=0,$$

即可解得污染到达最远的时间为

$$t^*=\frac{Q^2}{4L^2k^2\pi\mathrm{e}},$$

此时，污染边界达到最远半径是

$$r^*=k\sqrt{2t^*}=\frac{Q}{L\sqrt{2\pi\mathrm{e}}}.$$

这个解 $r(t)$ 具有显式表达式，我们可以看到，污染的区域在 $(t,r)$ 的平面与 $t$ 轴形成一个封闭的区域. 这样就指导我们如何有效地防患"脏弹"带来的污染，在什么样的区域里进行重点工作. 在图 3.10 中，取 $L=Q=1$，$k$ 留给读者通过图形信息求解.

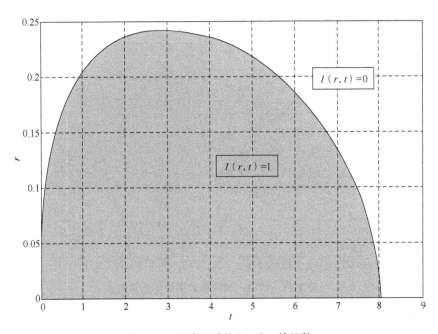

**图 3.10　污染区域关于 $r$ 和 $t$ 的函数**

## 3.7　模型参数拟合

在本章的几个模型里，我们都看到了参数的身影. 在讨论一般模型时，对于不确定的数据，我们喜欢先用一个或数个参数代替，然后找到主要变量之间的关系. 严格地说，这样的模型还不能直接用于实际问题. 对于一个实际问题，我们知道问题会符合某种规律，只是表现该规律的公式或方程较为一般，含有参数. 我们要想将这个规律应用到我们的问题上，就要使用该具体问题的数据对参数进行拟合，进而能用一般的规律恰当地描述我们的具体问题，并对实际问题有所指导.

参数拟合问题一般是反问题，它是相对于正问题而言的. 反问题是应用数学在解决实际问题中一个强有力的工具，"盲人听鼓"是一个典型的反问题示例，它要求盲人通过声音来确定鼓的形状. 这个问题的正问题就是要在已知鼓的形状的条件下，研究其发声规律，这种正问题在数学、物理方面比较成熟，而反问题就困难得多.

参数拟合问题的解决步骤一般包括下面几步.

（1）通过一般规律确立问题带参数的数学模型（很多情况下是代数、差分或微分方程模型）.

（2）研究模型中自变量和应变量的关系.

（3）收集自变量和应变量对应的实际数据.

（4）对实际数据进行必要的统计处理.

（5）通过拟合等方法以及实际数据对参数进行拟合.

（6）分析结果.

图 3.11 所示是 2012—2014 年的大蒜价格图，用蛛网模型估计其参数并对 2015 年的走势进行预测，并比较实际结果.

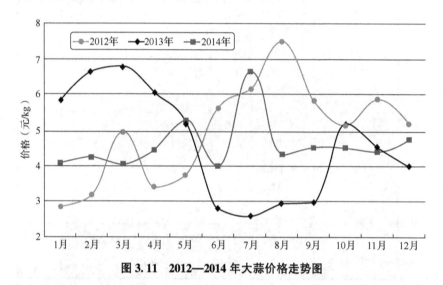

**图 3.11  2012—2014 年大蒜价格走势图**

我们先读取图 3.11 中的数据并总结成表 3.4，时间从 2012 年 1 月开始到 2014 年 11 月，根据波动周期选取 21 个点.

表 3.4  大蒜月价

| 2012 月($n$) | 1月(1) | 3月(2) | 5月(3) | 8月(4) | 10月(5) | 11月(6) | 12月(7) |
|---|---|---|---|---|---|---|---|
| 价格 $P$ | 2.9 | 5 | 3.8 | 7.5 | 5.1 | 5.9 | 5.1 |
| 2013 月数($n$) | 2月(8) | 6月(9) | 8月(10) | 9月(11) | 10月(12) | 11月(13) | 12月(14) |
| 价格 $P$ | 6.8 | 2.8 | 3 | 3 | 5.1 | 4.5 | 4 |
| 2014 月数($n$) | 2月(15) | 3月(16) | 5月(17) | 6月(18) | 7月(19) | 8月(20) | 11月(21) |
| 价格 $P$ | 4.2 | 4 | 5.2 | 4 | 6.8 | 4.3 | 4.8 |

加上初始条件 $P(1)=2.9$，从表 3.4 中我们可以得到一组关于 $a$，$b$，$c$，$d$ 的方程组
$$P(n)=-BP(n-1)+A, \quad n=1, \cdots, 21.$$

然后我们根据这 21 个方程拟合 $A$、$B$ 两个参数，我们用 MATLAB 进行线性拟合得到

$$B=0.035\,2, \quad A=4.908\,7$$

这说明大蒜的价格如果遵从蛛网模型，而且 $B<1$，它将趋于稳定.

对于微分方程系数的拟合，将用到更多的数学知识，我们把这些问题称为反问题.

作为一个简单的应用，我们来看看 3.6 节的例子. 如果我们得到测量仪器的反馈数据，假定 $\{C_{ij}, i=1,2,\cdots, j=1,2,\cdots\}$ 是第 $i$ 个测量仪器反馈的值（0 或 1），则可以通过下列步骤反求出污染的扩散系数 $k$.

（1）找到引起仪器区分反馈 0 和 1 的阈值 $L$.

（2）确定 $I_j=\max_i\{C_{ij}=1\}$.

（3）找出点 $I_j$ 所对应的时间 $t$ 和到爆炸中心的距离 $r$.

（4）如果总污染量 $Q=1$，将 $r$，$t$，$L$ 代入 $r^2=-(4k^2t)\ln(2Lk\sqrt{\pi t})$，求这个关于 $k$ 的隐函数的值，可以通过计算机求解.

（5）如果总污染量 $Q=1$，得到的数值解就是污染扩散系数 $k$ 的近似解.

具体操作，读者可以作为习题.

对更复杂的偏微分方程，可将微分项用差分代替，将自变量和应变量对应的实验数据代入得到一组关于所求参数的方程组，然后通过拟合得到所求参数的估计.

## 3.8　习题

1. 在本章开始的化学实验中，如果 $R$ 的容量为 5L，溶液注入和流出的速度均为 0.1L/h，用常微分方程模型计算容器里溶液变色的时间.

2. 收集数据，利用蛛网模型讨论劳动力市场.

3. 用蛛网模型推广研究更一般的恶性循环的现象，例如音响对听力的损害. 音响对听力造成伤害，听力受损后需要更大的音量才能听到，而更大的音量会对听力造成更大的伤害，如果不制止这个过程，最终将会导致听力系统崩溃. 用蛛网模型描述这个现象.

4. 用蛛网模型推广到研究良性循环的现象，例如治沙. 在沙漠中种树，逐渐长出树林，使环境更适宜树的增长和繁殖. 用蛛网模型描述这个现象并找到相关数据推导理论结果.

5. 计算采药场密度限制模型的数值解.

6. 在采药场密度限制模型的基础上，讨论采药优化策略.

7. 在密度限制模型中，考虑不同的阻滞因素，如种群密度达到一定阈值时，种群将出现大规模死亡，种群数将回到初始状态. 在此假定下，建立种群发展模型以及最优生产计划.

8. 一般池塘养鱼采用的是鱼苗放养技术，即另建一个亲鱼池，放养若干亲鱼以产鱼苗，待鱼苗长到一定程度，再将鱼苗放到大池中进行催熟饲养，待鱼苗长大成熟后收获. 建立模型讨论针对大池的饲养量，建立多大的亲鱼池以达收益最大.

9. 实际的生态环境更复杂，放松生态模型的假设要求，并加入更多影响因素. 分别建立下述的随机、保护和多种群生态模型，并予以讨论计算.

（1）随机模型：大自然中有许多随机因素干扰着种群的发展，例如气候、灾难等. 考虑一个随机干扰模型，讨论干扰对种群发展的影响.

（提示：考虑在种群的增长率满足的条件右端加上一个随机项，简单的如白噪声，也可以考虑布朗运动项，然后求其解的期望.）

（2）保护模型：对某濒危种群，例如大熊猫，往往采用保护区政策，在保护区里人工饲养并繁殖种群，并且按照一定的计划将部分人工保护的物种放回大自然以加强自然繁殖的基数. 建立模型并讨论人工干预的力度为多大时，可以遏制种群灭绝的趋势.

（提示：将受保护种群分为两部分，一部分野生，另一部分由人工保护，野生种群的自然增长率较低，在自然状况下，种群将灭绝. 而人工保护的这一部分可以对野生部分进行持续补充. 讨论补充的力度为多大时，野生种群可以摆脱灭绝的厄运.）

（3）多种群模型：考虑至少3种群混合情形，它们之间可以是互相竞争关系，也可以是食物链关系，还可以是循环互助关系，或者是更复杂的情形.

10. 在"脏弹"污染模型中考虑多个污染区域，如3个高、中、低污染区域，并画出图.

11. 建立三维"脏弹"污染扩散模型，将高度作为第三维，并且满足边界条件，地面阻挡污染. 计算扩散边缘. （提示：用半无界热传导方程的求解方法.）

12. 在偏微分方程模型中，考虑并讨论风对污染扩散的影响.

13. 在偏微分方程模型中，考虑地形地貌，如山岭、森林对污染扩散的影响.

14. 根据污染扩散图（见图 3.10）中网格上的点，在阴影部分 $C(r,t)=1$，否则 $C(r,t)=0$，根据这些值，反求扩散系数 $k$.

# 第4章 优化模型

优化问题一直是人们最感兴趣的数学问题之一，也是在解决实际问题时数学知识最适用的领域. 现实世界中，人们总希望在可允许的条件下做事情最有效：或者追求生产效率最高，收益最大，或者要求使用原料最省，所花时间最短，又或者平衡收获大和损耗少而达到某种意义下的最优. 数学往往是处理这类问题最强有力的工具. 在数学中我们把这种类型的问题称为最优化问题，简称优化问题（有时也称为控制问题）. 优化问题有三要素：优化目标、控制变量和限制条件. 优化问题又根据其是否与时间相关而分为静态优化和动态优化. 静态优化也称为规划问题.

早在公元前 500 年古希腊人在讨论建筑美学时就已发现了长方形的长与宽的最佳比例为 0.618，并称其为黄金分割比. 这个方法至今在优选法中仍得到广泛应用. 在微积分出现以前，已有许多学者开始研究用数学方法解决最优化问题. 例如，古希腊人几乎已经证明：给定周长，圆所包围的面积为最大. 这就是欧洲古代城堡几乎都建成圆形的原因. 但是最优化方法真正形成科学方法则在 17 世纪以后. 17 世纪，牛顿和莱布尼茨在他们所创建的微积分中，提出求解具有多个自变量的实值函数的最大值和最小值的方法，后来又进一步讨论具有未知函数的函数极值，从而形成变分法. 这一时期的最优化方法可以称为古典最优化方法. 此外，20 世纪初，随着数学在现代管理和决策方面的应用，研究线性约束条件下线性目标函数的多变量极值问题的数学理论和方法异军突起，形成了线性规划的分支，在优化问题中占有重要一席.

不同类型的最优化问题可以有不同的解法，即使同一类型的问题也可有多种优化法. 同时，某些最优化方法可适用于不同类型的模型. 最优化问题的求解方法一般可以分成解析法、直接法、数值计算法和其他方法.

优化问题是建模中比较困难的问题，但分析时也不是无从下手. 解决这类问题，往往有个目标，即我们希望得到什么样的最优结果，而为了达到这个最优结果，我们可以做什么事情，能控制什么变量，并在可控的范围内得到最好的结果. 这个结果我们称为目标函数，而可控的量我们称为控制变量. 根据问题的困难程度，我们应用的数学工具也各不相同. 所以最主要的是要找到要建模问题的三要素，即该问题的优化目标、控制变量和限制条件，然后通过生活常识、物理定律、经验公式等方法建立这些元素之间的关系，这就是建模过程. 在这个过程中，控制变量往往可设为问题的自变量，而优化目标就是对应这个自变量的函数，限制条件就是实现优化目标时自变量的范围.

先看一个古代著名的等周长问题的例子，这是记载在古希腊诗人维吉尔的诗中关于黛朵（Dido）的传说.

> At last they landed, where from far your eyes,
> 最后他们登陆在那视线所达的极致，
> May view the turrets of new Carthage rise;
> 可见新迦太基的塔楼的升起；

There bought a space of ground，which Byrsa call'd，

在那里他们买下了自己的空间，

From the bull's hide they first inclos'd，and wall'd.

是他们第一次用牛皮圈起来的土地.

黛朵是提尔(Tyre)国王的女儿，在她的兄弟杀死她的丈夫后，她逃到非洲大陆，在那里她可以购买她能用牛皮圈起来的所有的土地. 于是她将牛皮切成了细条连起来，但她马上面临着一个数学问题——牛皮条的长度是有限的，圈成什么形状，才能使所圈的土地面积最大？

这就是最古老的优化问题.

# 4.1　优化模型的基本理论

优化控制是指在给定的约束条件下，寻求一个控制系统，使给定的被控系统性能指标取得最大或最小值的控制.

最优控制所研究的问题可以概括为对一个受控的系统或运动过程，从一类允许的控制方案中找出一个最优的控制方案，使系统的性能指标值为最优. 这类问题广泛存在于技术领域或社会问题中.

优化控制要用到许多数学理论和方法，最常用的方法如下：

- 微积分优化方法；
- 数学规划方法；
- 变分优化法.

确定优化控制问题的关键是找出优化目标、控制变量和限制条件，然后才是选择适当的方法. 优化问题建模路线图可参考图 4.1.

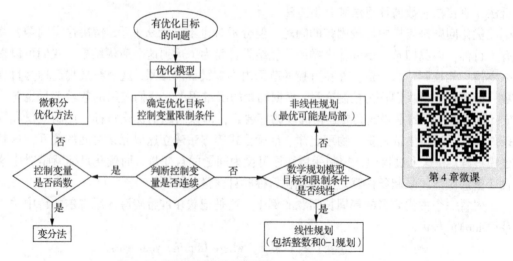

**图 4.1　优化问题建模路线图**

数学建模中的优化问题，其涉及范围十分广泛，包括用微积分求极值问题、线性规划

问题、运筹问题、泛函问题等，数学工具也渐次加深. 下面我们分别对这些问题涉及的理论进行梳理，然后在以后的各小节中分别列举对每种方法具体应用. 关于其理论的进一步研讨，读者可参考相应的数学专著.

### 4.1.1　微积分优化方法

如果目标函数可以写成目标函数关于控制变量的可微函数，则将目标函数对控制变量求导，找出所有的驻点，再求出驻点和边界点的所有函数值，从而找到最大值或最小值.

### 4.1.2　线性规划模型和整数规化模型

**1. 线性规划模型**

线性规划模型(Linear Programming, LP)是数学建模的一大类问题，也是运筹学中研究较早、发展较快、应用广泛、方法较成熟的一个重要分支，它是辅助人们进行科学管理的一种数学方法，广泛地应用于军事作战、经济分析、经营管理和工程技术等方面. 它为合理地利用有限的人力、物力、财力等资源做出的最优决策提供科学的依据，参见参考文献[21].

线性规划是研究线性约束条件下线性目标函数的极值问题的数学理论和方法. 它可归结为多限制条件的代数方程组问题，有成熟的软件，如 Excel、LINDO、LINGO 等.

（1）线性规划的一般形式

线性规划一般具有如下标准型

$$\max \quad z = c_1 x_1 + c_2 x_2 + \cdots + c_n x_n,$$

$$\text{s. t. } ① \begin{cases} a_{11} x_1 + a_{12} x_2 + \cdots + a_{1n} x_n = b_1, \\ a_{21} x_1 + a_{22} x_2 + \cdots + a_{2n} x_n = b_2, \\ \cdots \\ a_{m1} x_1 + a_{m2} x_2 + \cdots + a_{mn} x_n = b_m, \end{cases}$$

$$x_j \geqslant 0, \ j = 1, 2, \cdots, n, \ b_i \geqslant 0, \ i = 1, 2, \cdots, m.$$

非标准形式的线性规划都可以经过适当的转换而化为相应的标准型.

（2）线性规划的性质和求解

要解决一个规化问题，需要先了解该问题的属性，是线性还是非线性，是否有整数要求，问题规模（即决策变量的个数、约束的个数）如何，而后决定所使用的方法或者软件. 我们将在 4.3 节和 4.4 节通过具体的例子展现建模和求解过程. 求解的方法有图像法、代数法和软件法. 模型建立后，如果变量只有两个，则可以用图形法求解. 图形法的好处是很直观，能帮助我们理解线性规划问题的本质，缺点是能应用的范围很窄. 变量中只有几个可以用代数法求解，但一般问题都可以用软件法求解. 读者需要熟悉一种规划软件，学会将数学模型翻译成软件语言，编码后在计算机上运行，并能解读计算机输出结果.

**2. 整数规划模型**

整数规划模型一般有如下解法.

例如，我们可以通过枚举（或者隐式枚举）的方法来求得最优解. 一般来说，这样的算

---

① 即 subject to，表示"满足以下条件"，常缩写为 s. t. .

法计算量都比较大, 只适合求解较为简单、规模较小的问题. 我们也可以考虑问题的松弛及其他处理整数条件的方式, 这些方法有分支定界方法和割平面方法. 当然, 对于一些形式特定的整数规划问题, 我们还有各种不同的处理方式.

### 4.1.3 非线性规划模型

非线性规划问题, 尤其是约束非线性规划问题是一类有着广泛应用价值, 同时在理论上也有难度的. 其基本理论——最优线性条件理论诞生于 20 世纪 60 年代, 目前序列二次规划方法和内点方法是相对比较流行的方法. 非线性规划算法的计算效果也非常依赖于初始近似解的选择, 因此利用实际经验给出一个初始解也是非常重要的. MATLAB 软件提供了一个非常强大的求解工具——fmincon.

### 4.1.4 变分优化模型

变分法是 17 世纪末发展起来的一门数学分支, 是处理函数的数学领域, 和处理数的函数的普通微积分相对. 它最终寻求的是极值函数: 它们使得泛函取得极大或极小值. 变分的极值函数问题一般通过欧拉-拉格朗日(Euler-Lagrange)方程解决.

**定义** 设 $M$ 为函数类, 若有法则, 使在该法则之下, 对 $M$ 中的每一个元素都可以确定一个相应的数与之对应, 则称该法则为 $M$ 上的一个泛函, 记为 $J[y(x)]$, 而函数类 $M$ 称为泛函 $J$ 的定义域.

这里我们感兴趣的是泛函的极值问题.

相比于微积分中"函数"的概念, 泛函是以函数 $y(x)$ 为"自变量"的在某法则下的"应变量". 对于这个"自变量"也同样要求有"定义域", 即对 $y(x)$ 有一定要求, 那么这个"定义域"就是函数集合 $M$.

泛函取极值的方法, 其思想来源于微积分取极值的方法. 在微积分中, 极值点的必要条件是其微分为零. 那么对应于函数的微分, 我们引进泛函的变分, 即对作为"自变量"的函数的微小扰动. 那么某泛函的极值, 粗略地说, 就是存在一个函数, 关于这个函数, 该泛函取得极大值或极小值. 那么这个泛函对应于该函数的变分应该为零. 从这个观点出发, 我们可以找到寻求泛函极值的方法. 前面讨论过的几个例子验证了这个思路.

现在我们来讨论几个基本类型的泛函, 列出相应的方法思路和基本结果, 但并不在理论上予以严格证明. 有兴趣的读者可以进一步研读泛函和变分问题的专著.

**1. 固定端点的简单泛函极值问题**

考虑简单泛函

$$J_1[y(x)] = \int_{x_0}^{x_1} F(x, y, y') \, \mathrm{d}x, \tag{4.1}$$

其中, 函数 $F(x, y, y')$ 是其自变量的连续函数.

$$y \in M = \{ y(x) \mid y(x_0) = y_0, \ y(x_1) = y_1, \ y \in C^1[x_0, x_1] \}.$$

问题是在 $M$ 中求 $y_1^*(x)$, 使得泛函 $J_1[y_1^*(x)]$ 为极大值或极小值. 则有

$$F_y - \frac{\mathrm{d}}{\mathrm{d}x} F_{y'} = 0, \tag{4.2}$$

或者

$$F_y - F_{xy'} - F_{yy'}y' - F_{y'y'}y'' = 0. \tag{4.3}$$

这是一个二阶常微分方程. 由于其解端点固定, 且一定在 $M$ 内, 所以它满足边界条件: $y(x_0) = y_0$, $y(x_1) = y_1$, 从而固定边界的简单泛函极值问题可转换成一个二阶常微分方程的边值问题. 通过这个边值问题的求解, 可得变分问题的解.

式(4.2)和式(4.3)也被称为式(4.1)的欧拉方程.

如果解 $y(x)$, 还要满足以下附加条件

$$\int_{x_0}^{x_1} G[x, y(x), y'(x)] \mathrm{d}x = L. \tag{4.4}$$

如同条件极值, 泛函条件极值问题也可用拉格朗日乘数法加以解决. 为此作辅助函数

$$F^*(x, y, y') = F(x, y, y') + \lambda G(x, y, y'),$$

其中, $\lambda$ 为引入的待定常数. 考虑辅助泛函

$$J^*[y(x)] = \int_{x_0}^{x_1} F^*(x, y, y') \mathrm{d}x,$$

得到的使泛函 $J^*[y(x)]$ 取极值的函数 $y^*(x)$ 即为固定端点的简单泛函问题在条件(4.4)限制下的解.

如果附加条件是

$$G[x, y(x), y'(x)] = 0. \tag{4.5}$$

同样, 我们用拉格朗日算子, 不过这次是用拉格朗日函数算子作辅助函数

$$F^{**}(x, y, y') = F(x, y, y') + \lambda(x) G(x, y, y'),$$

以及新的辅助泛函

$$J^{**}[y(x)] = \int_{x_0}^{x_1} F^{**}(x, y, y') \mathrm{d}x.$$

此时, 欧拉方程成为如下欧拉-拉格朗日方程组

$$F_y^{**} - \frac{\mathrm{d}}{\mathrm{d}x} F_{y'}^{**} = 0, \quad F_\lambda^{**} - \frac{\mathrm{d}}{\mathrm{d}x} F_{\lambda'}^{**} = 0.$$

上面的第二个方程就是条件(4.5). 求解这个联立方程组就可以得到固定端点的简单泛函问题在条件(4.5)限制下的解.

**2. 变分不等式**

变分不等式是一类非线性问题, 与自由边界问题关系密切. 考虑以下变分问题.

求 $y_2^*(x) \in M_g$ 使得

$$J_2[y_2^*(x)] = \inf_{y \in M_g} J_2[y(x)],$$

这里有

$$J_2[y(x)] = \int_0^1 |y'|^2 \mathrm{d}x,$$

以及

$$M_g = \{f(x) \,|\, f(x) \in C^1[x_0, x_1], f(x_0) = y_0, f(x_1) = y_1, f(x) \geqslant g(x)\},$$

其中, $g(x) \in C^1[x_0, x_1]$, $g(x_0) \leqslant y_0$, $g(x_1) \leqslant y_1$. $C^1[x_0, x_1]$ 是一个函数类, 其元素是定义在区域 $[x_0, x_1]$ 上的连续并且一阶导数连续的函数.

我们现在这个泛函问题, 对于函数的定义域 $M_g$ 比原来的 $M$ 有了更多的限制. $M$ 是函数空间 $C^1[x_0, x_1]$ 的开集, 而 $M_g$ 是 $M$ 的一个子集, 并且是一个闭凸集. 可以推得泛函问题的解就是下列两个问题的解.

寻找 $u(x) \in C^1[x_0, x_1]$，使得

$$\begin{cases} u(x) - g(x) \geqslant 0, \ -u''(x) \geqslant 0, \\ (u(x) - g(x))(-u''(x)) = 0, \\ u(x_0) = u(x_1) = 0. \end{cases}$$

或者

$$\begin{cases} \min\{u(x) - g(x), \ -u''(x) = 0\} = 0, \\ u(x_0) = u(x_1) = 0. \end{cases}$$

事实上，这两个问题是等价的，而且在 $C^1[x_0, x_1]$ 中存在唯一解.

更一般的，当泛函问题被限制在一个泛函空间的闭凸集上时，则变分方程成为变分不等式

$$I^*[\eta(x)] \geqslant 0,$$

进一步的研究涉及更多的数学知识，有兴趣的读者可研读相应的专著，如参考文献[18].

## 4.2　微积分优化方法应用

### 4.2.1　矩形等周长问题

在前面提到的黛朵圈地的故事中，古希腊的数学家芝诺多罗斯（Zenodorus）基本上给出了等周长中圆面积最大的证明. 不过严格的数学证明是后来的事了，证明的方法也多种多样. 这里我们先证明一个简单点的问题，描述如下. 4.4.7 节将用变分方法给出黛朵问题的解法.

**问题描述**　等周长的矩形，什么情况下面积最大？

**思路分析**　我们先对问题进行分析. 这里的目标函数是面积. 因为已经限定了形状是矩形，所以不一样的只有矩形的形状，而这完全由边长决定，所以控制变量就是边长.

**模型建立**　矩形有两类边，我们分别称它们为长边和短边. 由于周长给定，所以能调整的只有长边或短边的长度. 不妨设矩形的周长为 $2L$，短边为 $x$，面积为 $A$. 用矩形面积公式，可得

$$A = x(L - x),$$

通过初等数学的配方方法，将面积公式重写为

$$A = -\left(x - \frac{L}{2}\right)^2 + \frac{L^2}{4}.$$

**模型求解**　观察公式，我们看到 $A$ 有两项，第一项是一个平方项，系数为负，所以是一项非正项；第二项是一个常数项，无论我们怎么控制变量 $x$，都不会对这项产生影响. 那我们就控制变量 $x$，使其第一项的值最大，而最大的值就是 0. 我们还要观察一下，控制变量 $x$ 能在什么范围内变动. 事实上由于 $x$ 是短边，所以其变化范围在 $0 \sim L/2$ 之间，即

$$x \in [0, L/2].$$

什么时候 $A$ 的表达式的第一项为 0 呢，很明显，只有当 $x = \dfrac{L}{2}$ 时. 此时长边也为 $L/2$，这时面积为

$$A_{\max} = \frac{L^2}{4}.$$

从而我们得到结论：等周长的矩形中，正方形面积最大.

我们也可以用微积分的方法求 $A$ 关于 $L$ 的导数并令其为 0，然后求最大值点，也能得到同样的结果.

### 4.2.2 碳排放生产控制问题

**问题描述** 一个企业生产某产品，收益与生产量成正比，比例系数为 $\alpha$. 同时，生产过程中产生碳排放，排放的多少与生产量成正比，比例系数为 $\beta$. 如果碳排放超过许可，企业将面临高额罚款. 为了解决碳排放问题，企业有两个选择：或者缩小生产规模以控制碳排放在许可范围内，或者投资减排，投资费用与减排量的平方成正比，其比例系数为 $\gamma$. 制定最优的减排方案使得碳排放在许可范围内，并且收益最大，开销最小.

**思路分析** 企业收益最大，当然生产越多越好，但生产得越多，带来的碳排放就越大. 碳排放的许可限制了企业的生产量. 但如果企业花些钱投资减排，可以扩大生产量，但投资将增加成本，那么投资多少才可达到最优？

假设企业的生产量为 $x$，企业的纯收益 $P$ 与生产量成正比，生产排碳量 $C$ 也与生产量成正比，即

$$P = \alpha x - c, \quad C = \beta x,$$

这里 $\alpha$，$\beta$ 是比例系数，$c$ 是基本消费. 设减排量为 $y$，企业采取减排措施，消费资金 $B$ 与减排量的平方成正比，即

$$B = \gamma y^2,$$

企业的排放量必须控制在 $Q$ 范围内，即

$$C - y \leqslant Q.$$

**模型建立** 根据分析，假如企业只控制超出部分，我们有 $y = C - Q$，企业加上碳排支出，总收益为

$$P_A = P - B = \alpha x - c - \gamma y^2 = \alpha x - c - \gamma (C - Q)^2 = \alpha x - c - \gamma (\beta x - Q)^2,$$

**模型求解** 根据分析，用微积分求极值的方法，对 $P_A$ 关于 $x$ 求导，并令其为零，我们得到极值点

$$x^* = \frac{\alpha + 2\gamma\beta Q}{2\gamma\beta^2}.$$

这就是最优的生产量. 在这个生产量下，企业收益达到最优.

$$\max P_A = \alpha x^* - c - \gamma(\beta x^* - Q) = \alpha x^* - c - \frac{\alpha}{2},$$

同时将碳排控制在容许范围之内.

图 4.2 中的参数取为 $\alpha = \beta = \gamma = 1$，$Q = c = 0$.

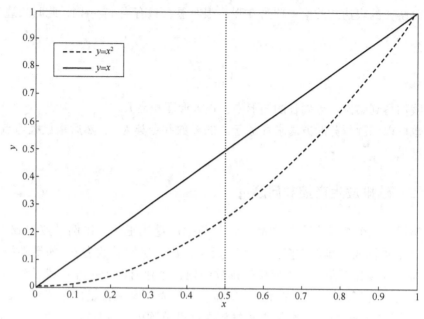

**图 4.2 收益与减排成本结果图**

最优点，就是两条曲线的函数值差最大的点.

我们得到的最优解有若干参数. 根据结果和参数分析，可以得到如下结果.

（1）首先最优极值点 $x^*$ 比 $Q/\beta$ 大，这意味着碳排投资是必要的，扣除碳排费用，在碳排上限的限制下，企业可以获得更大的收益.

（2）最优生产量 $x^*$ 与 $\beta$ 有反比关系，这意味着企业增进生产技术，减少生产中碳排率可以有进一步扩大生产的空间，使得企业获益更大.

（3）最优生产量 $x^*$ 与 $\gamma$ 有反比关系，这提示企业增进碳排技术，减少减排消耗率可以有进一步扩大生产的空间，使得企业获益更大.

（4）最优生产量 $x^*$ 与 $\alpha$ 有正比关系，这表明生产收益率始终是重要的.

可以进一步对模型进行更深入的研讨，具体如下.

（1）我们可以先收集碳排数据，对模型的参数进行校验. 校验的方法可以采用前面讨论过的拟合方法.

（2）改进减排费用函数为更一般的二次函数

$$C = \beta y^2 + \eta y + \delta$$

这样的改进有实际意义，因为校验的结果很可能不是对称的二次型，而且一旦投资减排，不管减不减，都会有一个基本费用. 但这样一来就多了两个参数，在参数处理时，增加了复杂性.

（3）对参数进行敏感性分析，即参数微小扰动时，对结果影响多大. 与此类似的还有稳定性分析和强健性分析.

（4）考虑碳排量具有一定的随机性.

（5）碳排可以交易，即可以通过市场购买一定的碳排权.

可用微积分优化的模型非常多. 就这个模型本身来说，并没有很特别的地方，但其建模过程是很典型的，即通过各种量以及量与量之间的关系设立变量、建立变量关系式，然后通过求导找到最优点.

## 4.3 线性规划模型和整数规划模型应用

线性规划问题，虽然背景不同，但变化不是很大，不过具体问题需要具体分析. 在这里我们只举一些典型的例子作为代表.

### 4.3.1 简单线性规划示例

**模型 I 罗马建设问题**

**问题描述** 俗话说"罗马不是一天建成的"，那么如何调动资源，尽快建成罗马呢？

**思路分析** 要建成罗马有两部分消耗，一部分是人力消耗，另一部分是物力消耗. 那么在人力物力有限的情况下，能完成最多的工作，就能在最短的时间里建成罗马.

建罗马要耗费的人工与资金的比例是 $3h : 4$ 两黄金；限制是每天最多投入人工 2 000h，黄金 800 两. 假定每天投入人工和资金分别为 $x$ 和 $y$，目标函数是每天完成的工作 $G$.

**模型建立** 根据分析，问题的目标函数为

$$\max G = 3x + 4y,$$

限制条件为

$$x \leqslant 1\ 000, \quad y \leqslant 800,$$

非负限制为

$$x_A, \ x_B, \ y_A, \ y_B \geqslant 0.$$

**模型求解** 这个问题比较简单，我们可以用图形法来解决，如图 4.3 所示.

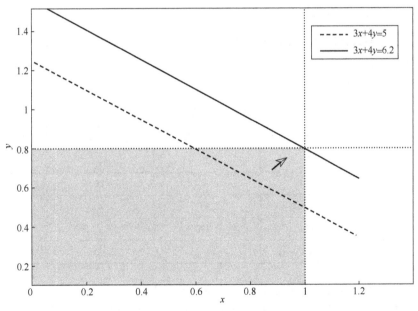

**图 4.3 罗马建设最优示意图**

$G$ 的最大点就是将直线 $G=3x+4y$ 移至容许区域的最顶点时所得的值，此时 $G=6.2$（单位）．这就是在容许范围内每天能完成的最大工作量．

下面我们来讨论一个变量和限制条件更多的问题，需要运行计算机软件来解决．

**模型Ⅱ　生产规划问题**

**问题描述**　一个工厂投资生产产品 A 时，每生产 100t 产品 A 需要资金 200 万元，需要场地 $200m^2$，可以获利 300 万元；投资生产产品 B 时，每生产 100t 产品 B 需要资金 300 万元，需要场地 $100m^2$，可以获利 200 万元；目前，该工厂可以使用的资金有 1 400 万元，场地 $900m^2$．该工厂如何分配产品 A、B 的生产可以使其获利最大？最大获利是多少？

**思路分析**　本题的最后一句话点明了该问题的优化目标是"获利"；控制变量就是问题中提及的"如何分配产品 A、B 的生产"，那么我们自然设这为自变量；限制条件有两个，分别是资金和场地．现在假设生产产品 A 或者 B 的场地、资金以及利润都是可加的，例如，使用 $100m^2$ 的场地时的利润是使用 $50m^2$ 场地时利润的 2 倍．那么如果安排生产 A 产品 $x$ 吨（t），生产 B 产品 $y$ 吨（t），就需要场地 $2x+y$ 平方米（$m^2$），需要资金 $2x+3y$ 万元，资金和场地都满足时，可以产生利润 $3x+2y$ 万元．因此，由最大利润 $z$ 为目标，可以得到如下的模型．

**模型建立**　根据分析，我们的优化目标如下

$$\max z = 3x+2y,$$

然后加上限制条件，如下所示．

- 场地限制：$2x+y \leqslant 9$．
- 资金限制：$2x+3y \leqslant 14$．
- 非负限制：$x$，$y \geqslant 0$．
- 整数限制：$x$，$y$ 必须是整数．

**模型求解**　这个问题可以用几何、代数和计算机法求解．

**模型Ⅲ　证券投资问题**

**问题描述**　某银行经理计划用一笔资金进行有价证券投资，可以购进的证券以及其信用等级、到期年限、收益如表 4.1 所示．按照规定，市政证券的收益可以免税，其他证券的收益需要按 50% 的税率纳税．此外，还有以下限制．

表 4.1　投资信息

| 证券名称 | 证券种类 | 信用等级 | 到期年限 | 到期税前收益（%） |
|---|---|---|---|---|
| A | 市政 | 2 | 9 | 4.3 |
| B | 代办机构 | 2 | 15 | 5.4 |
| C | 政府 | 1 | 4 | 5.0 |
| D | 政府 | 1 | 3 | 4.4 |
| E | 市政 | 5 | 2 | 4.5 |

（1）政府及代办机构的证券总共至少要购进 400 万元．

（2）所购证券的平均信用等级不超过 1.4（信用等级数字越小，信用程度越高）．

（3）所购证券的平均到期年限不超过 5 年．

若经理有 1 000 万元资金，他应该如何操作投资才能收益最大？如果能够以 2.75% 的利率借到不超过 100 万元资金，该经理应如何操作？

**思路分析** 本题的优化是题目的倒数第二句中的"收益最大"；控制变量就是同句中的"操作投资"，具体地说，就是如何把投资额分配到 A、B、C、D、E 这 5 个项目中；限制条件就是投资总额、信用等级、年限和税务以及特别限制 (1) ~ (3).

用 $x_1$，$x_2$，$x_3$，$x_4$，$x_5$ 分别表示购买证券 A，B，C，D 和 E 的数量（单位：万元）.

**模型建立** 以所给条件下银行经理的获利最大值 $z$ 为目标，则由数据表 4.1（请注意，B、C、D 非市政证券，收 50% 的税）可以得出如下信息.

$$\max \quad z = 0.043x_1 + 0.027x_2 + 0.025x_3 + 0.022x_4 + 0.045x_5,$$

$$\text{s. t.} \quad x_2 + x_3 + x_4 \geqslant 4,$$

$$x_1 + x_2 + x_3 + x_4 + x_5 \leqslant 10,$$

$$2x_1 + 2x_2 + x_3 + x_4 + 5x_5 \leqslant 1.4(x_1 + x_2 + x_3 + x_4 + x_5),$$

$$9x_1 + 15x_2 + 4x_3 + 3x_4 + 2x_5 \leqslant 5(x_1 + x_2 + x_3 + x_4 + x_5),$$

$$x_1, x_2, x_3, x_4, x_5 \geqslant 0.$$

上面两个例子都有相似的结构. 一般地，优化问题具有如下一般形式.

$$\min/\max \quad f(x),$$

$$\text{s. t.} \quad c_i(x) \leqslant 0, \ i = 1, 2, \cdots, m,$$

$$h_i(x) = 0, \ j = 1, 2, \cdots, p,$$

$$x = (x_1, x_2, \cdots, x_n) \in R^n.$$

这里，$f(x)$ 是用来求最大值（如效率、收益等）或者最小值（如原料、时间损耗等）的函数，称为目标函数或目标. $m$，$p$，$n$ 分别为不等式约束、等式约束和变量的个数. 一般情况下，最优化问题总含有若干约束条件，通常以等式或者不等式表达，如 $c_i(x) \leqslant 0$ 和 $h_j(x) = 0$，简称为约束. 变量 $x = (x_1, x_2, \cdots, x_n)$ 称为决策变量.

如果涉及的函数 $f(x)$、$c_i(x)$、$h_j(x)$ 都可以写成 $a_1x_1 + a_2x_2 + \cdots + a_nx_n + \gamma$ 的形式，则称该问题是一个线性规划问题，否则称为非线性规划问题. 例如，工厂投资问题就是一个线性规划问题. 如果某些变量有整数条件的要求，例如，运输问题中要求派出的车辆数最少，而车辆数只能是正整数，那么我们称该问题为整数规划问题，例如证券投资问题.

建立一个优化问题，通常要先确定决策变量，然后分析问题，列举出问题的目标和各种约束条件，目标是要求最大化还是最小化，考察决策变量是否有特殊的要求，包括是否要求非负、要求为整数等.

下面以工厂投资为例说明线性规划问题的一般性质.

该问题可以用图形法求解. 把约束条件中的不等式改成等式，即可画出图 4.4 中的直线 $AB$ 和 $BC$. 满足问题的所有可行方案 $(x, y)$ 刚好是四边形 $OABC$ 内部的所有点，通常该区域称为可行域. 对于任何给定的 $z$，直线 $3x + 2y = z$ 上的点都具有目标值 $z$，如果它与可行域有交点，则我们得到某个可行方案，可以得到 $z$ 万元的获利. 试图让这条直线向上移动来得到一个最优方案：当它经过 $B(3.25, 2.5)$ 时，有最优值 14.75. 再向上移动时，这条直线就和可行域四边形 $OABC$ 没有交点了.

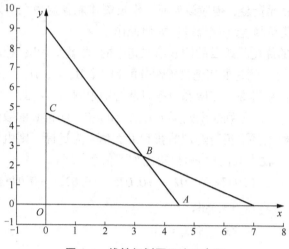

图 4.4　线性规划图示法示意图

一般地，线性规划问题可能有有限的最优解，也可能无解(列出的需要满足的条件是相互矛盾的)，也可能是无界的(目标值是无穷大). 可以看到，线性规划若有有限的最优解，一般可以在顶点上找到该问题的解. 如果改变目标函数的系数，如 $2x+3y$，使得 $BC$ 线段上的点都是最优解，那么 $B$ 点也是最优解.

可以看到，图解法一般只适合求解维数较低的问题，高维问题一般可以使用算法或者软件解决. 通常，求解线性规划问题可以使用单纯形表方法和内点算法. MATLAB 软件中线性规划问题的求解采用的通常是内点方法，我们可以进行如下调用.

```
f=-[0.043 0.027 0.025 0.022 0.045]';
A=[-[0 1 1 1 0]
     oness(1,5)
     [2 2 1 1 5]-1.4*ones(1,5)
     [9 15 4 3 2]-5*ones(1,5)];
b=[-4 10 0 0]' ;
lb=zeros(1,5);
[x,fv,flag,output,lambda]=linprog(f,A,b,[],[],lb)
fv=-fv
```

原问题中不含有任何的等式约束，所以输入的 Aeq，beq 都为空矩阵"[ ]". MATLAB 的线性规划求解只能求极小值问题，所以目标函数上乘了-1. 一般地，对于较为复杂的线性规划问题，软件可能解不出来，也可能出现问题求解不可行的情况. 在 MATLAB 中，返回变量包括 x、fv 和 flag，前两个变量为决策变量及其对应的目标值，flag 是一个标志，其中，+1 表示问题已得到解，-1 表示问题不可行，0 表示不能判定，这时可能需要增大计算量或者修改算法参数. 可以采用如下方法.其中，options 是一个向量，包含了线性规划求解算法的各个参数.

```
lambda.ineqlin(2)
if lambda.ineqlin(2)>0.00275,
    fprintf('Loan and invest more!');
end
```

```
[x,fv,flag,output,lambda]=linprog(f,A,b,[],[],lb,[],options)
```

图 4.6　复杂线性问题算法示例

该调用方式的返回变量中，lambda 是一个结构，含有 4 个部分：ineqlin、eqlin、upper 和 lower，它们给出了该问题各个约束（包含简单上下界）对应资源的影子价格，即在最优计划下，某种资源每增加一个单位带来的效益. 例如，在第二行不等式对应的资源，即目前的总投资中，如果增加一个单位（100 万元），则产生收益 2.98 个单位（万元）. 因此，若借贷利率为 2.75%，则应该追加投资.

**模型Ⅳ　营养配餐问题**

**问题描述**　一家食品公司按照特定需求提供营养餐. 每份配餐要求达到的最低营养标准为热量 2 860cal，蛋白质 80g，铁 15mg，烟酸 20mg，维生素 A 达到 20 000 单位. 营养学家给出了如表 4.2 所示的各食材的营养含量. 该食品公司应该如何配餐才能使套餐在满足营养标准的情况下价格最低？

**表 4.2　营养餐食材的营养含量**

| 食材 | 单价（元/50g） | 热量 | 蛋白质（g） | 铁（mg） | 烟酸（mg） | 维生素 A |
|------|---------------|------|-----------|----------|-----------|----------|
| 牛肉 | 2.0 | 309 | 26.0 | 3.1 | 4.1 | |
| 面包 | 0.3 | 276 | 0.6 | 0.6 | 0.9 | |
| 胡萝卜 | 0.1 | 42 | 8.5 | 0.6 | 0.4 | 12 000 |
| 鸡蛋 | 0.3 | 162 | 12.8 | 2.7 | 0.3 | 1140 |
| 鱼 | 1.8 | 182 | 26.2 | 0.8 | 10.5 | |

**思路分析**　显然一个配餐方案由各种食材的不同的量来决定，它们直接确定了该配餐所含的各种营养以及价格.

**模型建立**　设食材每 50mg 为一个单位，配餐包含牛肉、面包、胡萝卜、鸡蛋、鱼各 $x_1$，$x_2$，$x_3$，$x_4$，$x_5$ 个单位. 因此，可以建立如下规划问题.

$$\min \quad z = 2.0x_1 + 0.3x_2 + 0.1x_3 + 0.3x_4 + 1.8x_5,$$

$$\text{s. t.} \quad 309x_1 + 276x_2 + 42x_3 + 162x_4 + 182x_5 \geqslant 2860,$$

$$26x_1 + 0.6x_2 + 8.5x_3 + 12.8x_4 + 26.2x_5 \geqslant 80,$$

$$3.1x_1 + 0.6x_2 + 0.6x_3 + 2.7x_4 + 0.8x_5 \geqslant 15,$$

$$4.1x_1 + 0.9x_2 + 0.4x_3 + 0.3x_4 + 10.5x_5 \geqslant 20,$$

$$12000x_3 + 1140x_4 \geqslant 20000,$$

$$x_1, x_2, x_3, x_4, x_5 \geqslant 0.$$

**模型求解**　营养配餐问题可以用 MATLAB 编程求解，如下所示.

```
f=[ 2.0 0.3 0.1 0.3 1.8]';
A=[309 276 42 162 182
    26  0.6 8.5 12.8 26.2
    3.1  0.6 0.6 2.7 0.8
    4.1 0.9 0.4 0.3 10.5
    0  0  12000 1140 0 ];
b=[2860 80 15 20 20000]';
lb=zeros(5,1);
A(5,:)=A(5,:)/10000;
b(5)=b(5)/ 10000;
[x,fv,flag]=linprog(f,-A,-b,[],[],lb)
```

在这里，关于维生素 A 的约束条件中所有数据都除了 10 000（即把 10 000 个单位称为一个新单位），我们把线性规划中这种数据处理的方式称为加权（Scaling）. 一般地，若建立的线性规划问题中，各数据量级相差很大，则加权是必须的. 可以试试如果不进行加权，MATLAB 求解会得到什么结果.

### 4.3.2 整数和 0-1 规划示例

**模型 I 篮球队选拔问题**

**问题描述** 一个篮球教练挑选 5 名队员组成上场阵容，目前有 7 名候选队员，他们的基本信息如表 4.3 所示. 教练如何在下面的条件下挑选队员，使得篮球队总体投篮命中率最高？要求：（1）平均身高不低于 1.82m；（2）平均弹跳高度不低于 0.90m；（3）平均百米成绩不低于 12s；（4）平均体重不低于 94kg；（5）场上需要有前锋、中锋、后卫各 2、1、2 名；（6）队员 M2 和 M6 都是新进队的球员，配合不是很默契，最好不要同时上场.

表 4.3　篮球队候选队员信息表

| 队员 | 身高(m) | 弹跳高度(m) | 命中率(%) | 百米成绩(s) | 体重(kg) | 位置 |
|------|---------|-------------|-----------|-------------|----------|------|
| M1 | 1.86 | 0.95 | 59.6 | 11.7 | 104 | 中锋、前锋 |
| M2 | 1.82 | 0.97 | 62.2 | 12.1 | 94 | 前锋 |
| M3 | 1.79 | 0.91 | 59.4 | 11.9 | 93 | 中锋、后卫 |
| M4 | 1.78 | 0.89 | 60.3 | 11.0 | 87 | 后卫 |
| M5 | 1.91 | 0.84 | 58.7 | 12.8 | 105 | 前锋 |
| M6 | 1.94 | 0.81 | 60.1 | 12.7 | 103 | 中锋、前锋 |
| M7 | 1.76 | 1.02 | 64.3 | 11.3 | 86 | 中锋、后卫 |

**思路分析** 显然对于每个候选队员，教练可以选择让其加入或者不加入球队. 组成球队的方式就是各个球员入选或者不入选各种组合.

**模型建立** 记第 $i$ 名队员的入选变量为 $x_i$（$i=1,2,\cdots,7$），$x_i=1,0$ 表示第 $i$ 名队员的入选或者不入选. 记第 $i$ 名队员的身高为 $h_i$，弹跳高度为 $H_i$，命中率为 $s_i$，百米成绩为 $t_i$，体重为 $w_i$，则可以建立如下规划问题.

$$\max \quad \sum_{i=1}^{7} s_i x_i, \qquad (\text{命中率})$$

$$\text{s.t.} \quad \sum_{i=1}^{7} h_i x_i \geqslant 5\times 1.82, \qquad (\text{身高})$$

$$\sum_{i=1}^{7} H_i x_i \geqslant 5\times 0.90, \qquad (\text{弹跳高度})$$

$$\sum_{i=1}^{7} t_i x_i \leqslant 5\times 12, \qquad (\text{百米成绩})$$

$$\sum_{i=1}^{7} w_i x_i \geqslant 5 \times 94, \qquad \text{（体重）}$$

$$x_1 + x_2 + x_5 + x_6 \geqslant 2, \qquad \text{（2 个前锋）}$$

$$x_1 + x_3 + x_7 \geqslant 1, \qquad \text{（1 个中锋）}$$

$$x_3 + x_4 + x_7 \geqslant 2, \qquad \text{（2 个后卫）}$$

$$x_2 + x_6 \leqslant 1, \qquad \text{（M2、M6 不同时上）}$$

$$\sum_{i=1}^{7} x_i = 5, \qquad \text{（挑选 5 名队员）}$$

$$x_i \in \{0,1\}, \ i = 1,2,\cdots,7.$$

这里，我们可以看到把一个变量声明称为 0-1 变量的好处：可以简单地利用它们来组成我们所需要的各种关系. 例如，$x_2 + x_6 \leqslant 1$ 表示第 2 名和第 6 名队员不同时上场；当然，也可以用 $x_2 = x_6$ 表明他们要么同时上场，要么都不上场.

**模型求解** 一般地，整数规划问题不可以用下面的方式得到解：把整数条件去除（称为松弛），得到一个线性规划问题，把求得的线性规划的解或四舍或五入，希望能够得到整数规划问题的解. 例如，工厂投资问题中，如果储存两种产品的仓库恰好以 100t 和 100m² 为一个存储单位，则可建立下面的整数规划问题.

$$\begin{aligned} \max \quad & z = 3x + 2y, \\ \text{s. t.} \quad & 2x + y \leqslant 9, \\ & 2x + 3y \leqslant 14, \\ & x, y \text{ 为正整数.} \end{aligned}$$

松弛的线性规划问题，也就是不考虑存储情况的原始问题最优解为 $B(3.25, 2.5)$. 如果采用四舍五入方法，你可能会考虑解 $(3,2)$，$(3,3)$，$(4,2)$，$(4,3)$，第一个解的最优值为 13，而其他 3 个都是不可行的. 事实上，这个整数规划问题的最优解是 $(4,1)$，最优值为 14.

整数规划问题的求解方法一般有分支定界方法、割平面方法以及松弛方法. 下面以带有存储背景的工厂投资问题为例介绍分支定界方法.

我们已经知道，松弛问题的最优解为 $B(3.25, 2.5)$，其两个坐标均为小数. 取其中一个，例如 $x_1 = 3.25$，进行分支. 我们得到如下两个问题.

$$\begin{aligned} \max \quad & z = 3x + 2y, \\ \text{s. t.} \quad & 2x + y \leqslant 9, \\ & 2x + 3y \leqslant 14, \\ & x \geqslant \lceil 3.25 \rceil, \\ & x, y \text{ 为正整数,} \end{aligned} \qquad \text{和} \qquad \begin{aligned} \max \quad & z = 3x + 2y, \\ \text{s. t.} \quad & 2x + y \leqslant 9, \\ & 2x + 3y \leqslant 14, \\ & x \leqslant \lfloor 3.25 \rfloor, \\ & x, y \text{ 为正整数.} \end{aligned}$$

其中，"$\lceil \ \rceil$" 和 "$\lfloor \ \rfloor$" 分别代表向上取整和向下取整. 原整数规划问题的解一定是这两个整数规划问题解中较优的一个. 那么这两个问题如何求解呢？它们也都带着整数条件.

分别求解它们对应的松弛问题（即放松了整数条件后的线性规划），可以解得这两个松弛问题的最优解分别为 $(4,1)$ 和 $\left(3, \frac{8}{3}\right)$，其最优值分别为 14 和 14.33. 既然第一个松弛问题的最优解本身已是整数解，因此，第一个分支的最优解也就是 $(4,1)$，不必再往下分了. 第二个松弛问题的解仍旧有小数坐标，因此可以再产生它的两个分支，分别追加约束条件 $y \leqslant \left\lfloor \frac{8}{3} \right\rfloor$ 和 $y \geqslant \left\lceil \frac{8}{3} \right\rceil$. 当某个分支的松弛问题得到整数解，或者该松弛问题不可行，就没有必要往下分了. 但即便如此，当变量较多时，仍然可能产生分支翻倍增长的情况.

我们可以有各种定界的策略，该策略的目的是提前结束分支的过程. 例如，对于上面的例子，第一个分支的最优值是 14，而第二个分支的最优值是 14.33. 第二个分支的整数条件使得其最优值是一个整数，因此最优值不大于 $\lfloor 14.33 \rfloor = 14$，即第二个分支的最优值不严格优于一个分支的最优值，不会产生更优的解，可以舍弃.

如果你已经猜测有一个解 $(4,1)$，对应目标值为 14，则当你求解这两个分支的顺序相反时，仍旧可以把带有 $x \leqslant \lfloor 3.25 \rfloor$ 约束的分支舍弃.

下面再来看一个整数规划的例子.

**模型Ⅱ　护士值班问题**

**问题描述**　某医院需要重新安排护士值夜班，每个护士连续值 5 个夜班，休息两天，周而复始. 据统计，每天晚上(周一到周日)需要值班的护士人数分别最少为 18，16，15，16，19，14，12 人. 如何安排值夜班的护士，可使得值夜班护士人数达到最少？

**思路分析**　该问题的决策变量不太明显. 仔细观察可以发现，这些护士不一定是完全相同的，按照她们的休息日不同可以分成 7 种不同的类型. 当然，这也等同于按照工作日分类. 设从周 $i(i=1, 2, \cdots, 7$ 代表周一到周日)开始，值夜班的护士人数为 $x_i$.

**模型建立**　在周一晚值班的护士实际数目为 $x_1+x_4+x_5+x_6+x_7$，因此可建立规划问题如下.

$$
\begin{aligned}
\min \quad & x_1+x_2+x_3+x_4+x_5+x_6+x_7, \\
\text{s. t.} \quad & x_1+x_4+x_5+x_6+x_7 \geqslant 18, \\
& x_1+x_2+x_5+x_6+x_7 \geqslant 16, \\
& x_1+x_2+x_3+x_6+x_7 \geqslant 15, \\
& x_1+x_2+x_3+x_4+x_7 \geqslant 16, \\
& x_1+x_2+x_3+x_4+x_5 \geqslant 19, \\
& x_2+x_3+x_4+x_5+x_6 \geqslant 14, \\
& x_3+x_4+x_5+x_6+x_7 \geqslant 12, \\
& x_1, \ x_2, \ x_3, \ x_4, \ x_5, \ x_6, \ x_7 \text{ 为非负整数.}
\end{aligned}
$$

**模型求解**　我们用分支定界方法求解护士值班问题的 MATLAB 程序，其中的 bnb 程序就是分支定界方法，如下所示. 如果安装的 MATLAB 版本较高，则可以使用命令 bintprog 或者 intlinprog 来求解.

```
warning off;
vb=input('number of nurses each day ');
A = toeplitz([1 1 1 1 1 0 0],[1 0 0 1 1 1 1]);
[x,optv]=bnb(ones(7,1),-A,-vb',[],[],zeros(7,1));
clc;
fprintf('\n  your original data : \n');
fprintf('% 6.0f',vb);
fprintf('\n  we need so many nurses each day: \n');
fprintf('% 6.0f',x);
fprintf('\nTotal number is :% 6.0f \n',sum(x));
```

**知识拓展** 求解规划问题除了可以使用 MATLAB，还可以使用 LINDO 和 LINGO 等软件.

使用 LINGO 软件求解工厂生产问题可以编程如下.

```
Model:
!product problem;
max=3*x+2*y;
2*x + y <= 9;
2*x + 3*y <= 14;
end
```

文件保存成 test1.lg4，选择菜单中的 Solve 或者按快捷键 Ctrl+S，即可得到如下输出.

```
Global optimal solution found at iteration:                2
  Objective value:                            14.75000
          Variable           Value        Reduced Cost
                 X        3.250000            0.000000
                 Y        2.500000            0.000000
              Row    Slack or Surplus          Dual Price
                1        14.75000            1.000000
                2        0.000000            1.250000
                3        0.000000            0.2500000
```

该问题的解为 (3.25,2.5)，对应最优值为 14.75. 两种资源(场地、资金)的对偶价格为 1.25 和 0.25，即在目前最优生产计划安排的情况下，场地每增加 $1 m^2$，最优获利增加 1.25 万元；而资金每增加 1 万元，获利增加 0.25 万元.

LINGO 程序是一种模型语言，不需要你选择算法，只要把问题书写完整即可. LINGO 程序总是以"Model:"开始，以 end 结束，程序中忽略大小写的区别，并且变量没有说明时都为非负变量. LINGO 语句总是以分号结束，注释语句以感叹号开始，也以分号结束.

如果在该问题中考虑了存储的需求，要求变量都为正整数，则可以追加变量声明，程序如下.

```
Model:
!product problem;
max=3*x+2*y;
2*x + y <= 9;
2*x + 3*y <= 14;
@gin(x); @gin(y);
end
```

LINGO 可以使用数组来书写规划模型，使得表达更为简洁. 例如，前面的营养配餐问题可以如下方式编写 LINGO 代码.

```
Model:
!定义集合及变量;
sets:
  food/beef,bread,carrot,egg,fish/:cost,x;
  item/heat,protein,iron,niacin,vitaminA/:require;
  link(food,item):quantity;
endsets
!数据;
data:
  require=2860,80,15 20,20000;
  cost    = 2.0,0.3,0.1,0.3,1.8;
  quantity =  309,276,42,162,182,
              26,0.6,8.5,12.8,26.2,
             3.1,0.6,0.6,2.7,0.8,
             4.1,0.9,0.4,0.3,10.5,
              0, 0,12000,1140,0;
enddata
!目标;
min=@ sum(food(j):cost(j)*x(j));
!约束;
@for(item(i):@sum(food(j):quantity(i,j)*x(j))>=require(i));
end
```

这里, 命令 sets 用来定义数组类型, link(food, item) 可以用来生成高维数组类型, 如果数组分量较多, 可以使用"food/1..10/:cost;"的方式, LINGO 会自动生成 10 个分量的数组类型. cost、x、require 等是对应数组类型的变量. @sum、@for 是最常见的用来操作数组的命令.

下面的 LINGO 程序实现了护士值班问题的求解.

```
model:
!每天需值班护士和每天开始值班的护士数量;
  sets:
    days/mon,tue,wed,thu,fri,sat,sun/:need,start;
  endsets
  min=@sum(days:start);
  @for(days(i):
  @sum(days(j) |(j#GT#i+2)#OR#(j#LE#I #AND# j#GT#I-5):
                START(j))  >= NEED(i);
      );
    @for(days:@ gin(start));
    data:
      need=18,16,15,16,19,14,12;
    enddata
end
```

这里, 命令 @sum 中的竖线表示求和的条件, 条件中的#OR#和#AND#是逻辑或和逻辑和; #GT#和#LE#表示大于和小于等于.

## 4.4  非线性规划模型应用

非线性规划是具有非线性约束条件或目标函数的数学规划. 它研究一个 $n$ 元实函数在一组等式或不等式的约束条件下的极值问题, 且目标函数和约束条件至少有一个是未知量的非线性函数.

类似上节生产规划问题的例子,工厂要生产 3 种产品 A、B、C,效益率分别是 20、50、80. 如果产品不仅有经济利益,还有公益效益,而公益效益函数分别为产量的 $\alpha_A$、$\alpha_B$、$\alpha_C$ 次方,这里 $\alpha_A$,$\alpha_B$,$\alpha_C > 0$,如果只考虑公益效益,而且有一个选择限制:对于产品 B 和 C 只能选择一种生产,那么最优的生产应该如何安排?

现在的目标函数成为

$$\max P = x^{\alpha_A} + y^{\alpha_B} + z^{\alpha_C} - 20x - 50y - 80z .$$

再加上其他限制条件以及选择限制,则为

$$yz = 0 .$$

这里,我们看到目标函数成为非线性函数,选择限制也是非线性限制,只要目标或限制条件有非线性的,就是非线性规划问题. 所以我们要应用非线性方法来找到问题的解.

### 4.4.1　工地运输问题

所谓"计算可视化",就是将科学计算的中间数据或结果数据转换为人们容易理解的图形图像形式. 我们来看一个具体的例子.

**问题描述**　某建筑公司有 6 个建筑工地,每个工地的位置(用平面坐标 $(a_i, b_i)$ 表示,单位:km)及水泥日用量 $d_i$(单位:t)由表 4.4 给出. 目前有两个临时料场位于 $L_1(5,1)$ 和 $L_2(2,7)$,日储量各有 20t,假设各料场到各工地之间均有直线道路相连,且假设运费与运输量及运输里程成正比.

(1) 请制定每天的供应计划,即从 $L_1$,$L_2$ 两个料场出发分别应向各个工地运送多少吨水泥,可以使得总运费最少?

(2) 为了进一步降低总运费,该建筑公司打算舍弃原有的两个临时料场,改建新址但保持日储量不变,请建立数学模型,给出合理的选址方案.

**表 4.4　工地的位置及水泥日用量**

| 工 地 编 号 | 1 | 2 | 3 | 4 | 5 | 6 |
|---|---|---|---|---|---|---|
| 工地位置 $a_i$ | 1.25 | 8.75 | 0.5 | 5.75 | 3 | 7.25 |
| 工地位置 $b_i$ | 1.25 | 0.75 | 4.75 | 5 | 6.5 | 7.25 |
| 水泥需求量 $d_i$ | 3 | 5 | 4 | 7 | 6 | 11 |

**思路分析**　我们可以选择把每个料场放在不同的地点,因此有 4 个坐标变量,同时也可以安排每个料场向哪些工地运输水泥,包括如果运输要运输多少.

**模型建立**　假设料场 $j$ 位置为 $(p_j, q_j)$,它向工地 $i$ 运输水泥 $x_{ij}$ 吨(t),记每运输 1t 水泥 1km 的费用为 1 个单位,则总费用最小的规划问题可表示为

$$\min \quad z = \sum_{j=1}^{2} \sum_{i=1}^{6} x_{ij} \sqrt{(p_j - a_i)^2 + (q_j - b_i)^2} , \quad \text{(总运费)}$$

$$\text{s. t.} \quad \sum_{j=1}^{2} x_{ij} = d_i , \quad i = 1, 2, \cdots, 6 , \quad \text{(日需求量)}$$

$$\sum_{i=1}^{6} x_{ij} \leqslant 20, \ j = 1, 2, \qquad (日存储量)$$

$$x_{ij} \geqslant 0. \qquad\qquad\qquad (自然约束)$$

对于问题(1)，料场为 $L_1$、$L_2$，$(p_j, q_j)$ 为常数，该问题是一个线性规划问题；但对于问题(2)，料场位置可变，$(p_j, q_j)$ 不再是常数，该问题就变成一个非线性规划问题.

**模型求解**　不管是线性规划问题还是非线性规划问题，这里决策变量是一个矩阵，我们需要把它重新写成一个向量. 记 $\mathbf{y} = (x_{11}, x_{21}, \cdots, x_{61}, x_{12}, x_{22}, \cdots, x_{62})^{\mathrm{T}} = (y_1, y_2, \cdots, y_{12})^{\mathrm{T}}$ 是一个有 12 个分量的向量，则关于日需求量和日存储量的约束条件可以写成

$$\begin{pmatrix} 1 & 0 & 0 & 0 & 0 & 0 & 1 & 0 & 0 & 0 & 0 & 0 \\ 0 & 1 & 0 & 0 & 0 & 0 & 0 & 1 & 0 & 0 & 0 & 0 \\ 0 & 0 & 1 & 0 & 0 & 0 & 0 & 0 & 1 & 0 & 0 & 0 \\ 0 & 0 & 0 & 1 & 0 & 0 & 0 & 0 & 0 & 1 & 0 & 0 \\ 0 & 0 & 0 & 0 & 1 & 0 & 0 & 0 & 0 & 0 & 1 & 0 \\ 0 & 0 & 0 & 0 & 0 & 1 & 0 & 0 & 0 & 0 & 0 & 1 \end{pmatrix} \begin{pmatrix} x_{11} \\ x_{21} \\ \vdots \\ x_{61} \\ x_{12} \\ \vdots \\ x_{62} \end{pmatrix} = \begin{pmatrix} d_1 \\ d_2 \\ d_3 \\ d_4 \\ d_5 \\ d_6 \end{pmatrix}$$

和

$$\begin{pmatrix} 1 & 1 & 1 & 1 & 1 & 1 & 0 & 0 & 0 & 0 & 0 & 0 \\ 0 & 0 & 0 & 0 & 0 & 0 & 1 & 1 & 1 & 1 & 1 & 1 \end{pmatrix} \begin{pmatrix} x_{11} \\ x_{21} \\ \vdots \\ x_{61} \\ x_{12} \\ \vdots \\ x_{62} \end{pmatrix} \leqslant \begin{pmatrix} 20 \\ 20 \end{pmatrix}.$$

编写 MATLAB 程序，把工地、料场画在图上，并把运输水泥的路线标出，运量大的路线画得粗一些，可以得到如图 4.5 所示的图形.

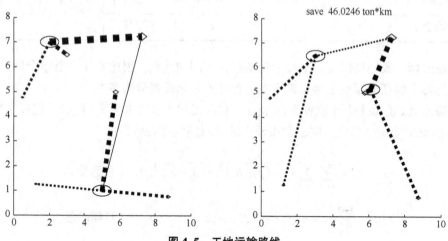

图 4.5　工地运输路线

### 4.4.2 奇怪的骰子问题

**问题描述** 我们经常在欧洲杯或者世界杯等重大足球赛事中看到一些"黑马"，本来不是很被看好的球队夺得了冠军，也经常能发现生活中其他方面的这种现象，它不仅限于足球比赛或类似的比赛.

我们以骰子来模拟这样的现象. 一个骰子可被掷出不同的点数，就像一支球队发挥的水平或有变化. 如果目前有 4 支球队(骰子)，它们可能发挥出的水平(掷出的点数)用非负整数表示分别为 $A(6,6,2,2,2,2)$，$B(5,5,5,1,1,1)$，$C(4,4,4,4,0,0)$，$D(3,3,3,3,3,3)$，假设任一球队的 6 个不同水平等可能出现. 可以看出 4 支球队的平均水平分别为 $\left(\dfrac{20}{6}, \dfrac{18}{6}, \dfrac{16}{6}, \dfrac{18}{6}\right)$. 如果你来当教练，执导某个球队参加淘汰赛，那么你会选择哪支球队呢?

**思路分析** 如果你选择球队 $A$，那么我选球队 $D$. 经过计算有

$$P(D>A) = P(A=2) = \frac{2}{3},$$

使用稍微复杂一些的概率公式，或者简单地枚举，我们发现

$$P(D>A) = P(A>B) = P(B>C) = P(C>D) = \frac{2}{3}.$$

比如，$P(A>B) = P(A=6) + P(A=2 \text{ 且 } B=1) = \dfrac{1}{3} + \dfrac{2}{3} \times \dfrac{1}{2} = \dfrac{2}{3}$. 我们把这种情形中出现的概率 2/3 称为互胜的概率. 这样的一组不满足传递性的骰子称为非传递性骰子，特别地，上述这样设置点数的骰子称为 Efron 骰子.

因此，这 4 支球队中没有绝对的强队，没有哪支球队能保证在淘汰赛中一定胜出. 在现实球赛中，球队的水平可能是每个相应的数字都加上类似 100 的基数，而这并不影响上述分析的结果.

这种骰子的点数设置并不是唯一的，利用幻方可以构造出更多的例子. 如图 4.6 所示即为一个 3 阶幻方.

| 8 | 1 | 6 |
|---|---|---|
| 3 | 5 | 7 |
| 4 | 9 | 2 |

**图 4.6 一个 3 阶幻方**

把 3 个骰子的点数设置成幻方一行，如果一定要设成 6 个面，可以是 $A(8,8,1,1,6,6)$，$B(3,3,5,5,7,7)$，$C(4,4,9,9,2,2)$. 这时候 3 个骰子互胜的概率是 5/9.

如果我们允许有不等概率掷骰子方式，那么仅有 3 个骰子的互胜概率还可以再大一些.

设置 3 个骰子 A、B、C，使得 $P(A=3)=1$，$P(B=2)=\phi$，$P(B=5)=1-\phi$，$P(C=4) = \phi$，$P(C=1) = 1-\phi$，其中 $\phi = \dfrac{\sqrt{5}-1}{2} \approx 0.618$，则互胜的概率为 $\phi$.

那么，互胜的概率最大能达到多少呢?

**模型建立** 我们可以建立如下的线性规划模型.

假设我们有 $d$ 个骰子, 每个骰子有 $f$ 个面, 第 $i$ 个骰子的第 $j$ 个面点数为 $(j-1)d+i$, 掷出该点的概率为 $p(i,j)$, 其中, $1 \leqslant i \leqslant d$, $1 \leqslant j \leqslant f$. 当 $d=3$, $f=4$ 时, 各个骰子点数如表 4.5 所示(每一行是一个骰子).

表 4.5　3 个骰子每个 4 面的点数设置

| $d \backslash f$ | $j=1$ | $j=2$ | $j=3$ | $j=4$ |
|---|---|---|---|---|
| $i=1$ | 1 | 4 | 7 | 10 |
| $i=2$ | 2 | 5 | 8 | 11 |
| $i=3$ | 3 | 6 | 9 | 12 |

如果第 $i$ 个骰子胜第 $i-1$ 个骰子的概率至少为 $p$, 其中, $2 \leqslant i \leqslant d$; 而第 1 个骰子胜第 $d$ 个骰子的概率也至少为 $p$, 则这组骰子互胜的概率至少是 $p$, 达到互胜概率最大的规划模型如下.

$$\max \qquad\qquad\qquad p,$$

$$\text{s. t.} \quad \sum_{j=1}^{f} \left( p(i,j) \cdot \sum_{k=1}^{j} p(i-1,k) \right) \geqslant p, i=1,2,\cdots,d,$$

$$\sum_{j=1}^{f} \left( p(1,j) \cdot \sum_{k=1}^{j-1} p(d,k) \right) \geqslant p,$$

$$\sum_{j=1}^{f} p(i,j) = 1, i=1,2,\cdots,d,$$

$$p(i,j) \geqslant 0, i=1,2,\cdots,d, j=1,2,\cdots,f.$$

其中, 第一个约束条件是第 $i$ 个骰子胜第 $i-1$ 个骰子的概率, 第二个约束条件是第 1 个骰子胜第 $d$ 个骰子的概率, 剩余条件是关于概率的限制.

**模型求解**　计算可以求得, 关于不同的骰子数目及其各骰子面数, 最大的互胜概率值如表 4.6 所示.

表 4.6　不同的骰子数目及面数互胜概率

| $f$ | $d=3$ | $d=4$ | $d=5$ | $d=6$ | $d=7$ | $d=8$ | $d=9$ | $d=10$ | $d=11$ | $d=12$ |
|---|---|---|---|---|---|---|---|---|---|---|
| 2 | 0.6180 | 0.6667 | 0.6920 | 0.7071 | 0.7169 | 0.7236 | 0.7284 | 0.7321 | 0.7348 | 0.7370 |
| 3 | 0.6180 | 0.6667 | 0.6920 | 0.7071 | 0.7169 | 0.7236 | 0.7284 | 0.7321 | 0.7348 | 0.7370 |
| 4 | 0.6180 | 0.6667 | 0.6920 | 0.7071 | 0.7169 | 0.7236 | 0.7284 | 0.7321 | 0.7348 | 0.7370 |
| 5 | 0.6180 | 0.6667 | 0.6920 | 0.7071 | 0.7169 | 0.7236 | 0.7284 | 0.7321 | 0.7348 | 0.7370 |

互胜的概率会随着骰子的数量逐步增加, 其极限是 3/4. 似乎我们可以有这样的结论: 当你不清楚有多少个竞争对手时, 对于某一个特定的对手, 如果你对他的胜率没有超过 3/4, 那么很难说你真的能胜过他.

### 4.4.3　关灯游戏问题

我们经常能在很多游戏中看到数学的应用. 下面的游戏和整数规划相关.

**问题描述** 有一个 $n$ 行 $n$ 列的灯阵, 每盏灯都带着一个奇怪的开关: 按下开关时, 不仅本来位置上的灯会改变状态——由亮变灭或者由灭变亮, 它上下左右相邻的灯, 如果存在, 也会同时改变状态. 例如, 按下第 2 行第 1 列的灯的开关, 可以记为 $(2,1)$, 就可以从图 4.7(a) 所示状态变为图 4.7(b) 中的状态, 这个状态仅差一步变换就完成将所有灯都关掉的目标了.

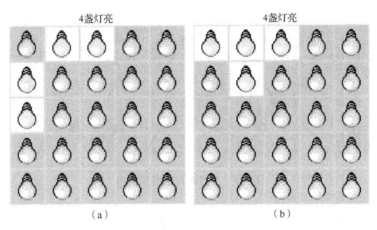

4盏灯亮　　　　　　　　　　4盏灯亮

（a）　　　　　　　　　　　　（b）

**图 4.7　关灯游戏图**

那么, 怎样才能把灯阵从所有灯都是亮着的状态变成关掉的状态呢? 仅凭尝试加上一些经验可能是很难的, 你可以先试试 3 行 3 列的情况或者 4 行 4 列的情况.

**思路分析** 在试验中, 我们可以总结出这个灯阵操作的一些基本的性质.

**性质 1** 灯阵从一个最初的状态变成任何一种状态, 这个最终状态只和每个开关按下的次数有关, 而与这个开关按下的次序无关. 比如按下开关 $(2,1)$, $(3,1)$, $(2,1)$ 和按下开关 $(3,1)$, $(2,1)$, $(2,1)$ 时可以把灯阵从相同的初始状态变成相同的最终状态.

**性质 2** 每个灯的最终状态只和它的初始状态、它本身及上下左右相邻的开关所按下总次数的奇偶性相关. 它本身的开关及上下左右相邻的开关, 每按下一次, 都会改变这个灯的状态. 因此, 按下同一个开关 2 次以上并没有什么意义——要么不按, 需要的话按一次就够了. 比如按下开关 $(2,1)$, $(3,1)$, $(2,1)$ 和按下开关 $(3,1)$ 都可以把灯阵从相同的初始状态变成相同的最终状态.

**模型建立** 由上, 我们可以假设第 $i$ 行第 $j$ 列的开关按下的次数为 $x_{ij} \in \{0, 1\}$ 是一个 0–1 变量. 如果 $(1,1)$ 灯改变了状态, 则 $x_{11}+x_{12}+x_{21}$ 是一个奇数

$$x_{11}+x_{12}+x_{21}=2m_{11}+1,$$

其中, $m_{11}$ 是某个非负整数(实际上, 只能是 0 或者是 1). 因为只有 $(1,1)$, $(1,2)$, $(2,1)$ 位置上的开关按下才会改变 $(1,1)$ 灯的状态, 所以这个式子仅含 3 项 $x_{ij}$. 如果考虑 $(2,2)$ 灯, 就有

$$x_{12}+x_{21}+x_{22}+x_{23}+x_{32}=2m_{22}+1,$$

左边含有 5 项 $x_{ij}$, $m_{22}$ 是非负整数 0, 1, 2 中的某个值.

除了像某个开关按了 2 次或更多会导致该问题有多个解的这种情形, 这个问题还可能有其他多解的情形. 例如, 把按灯阵开关的方式看成矩阵, 该矩阵的旋转、转置、翻转都

可以产生新的解(如果原来的解不是这种操作下不变的话). 当然, 还可以有本质上完全不同的解. 图 4.8 所示的例子是 4 行 4 列灯阵的两个解: 按下亮灯位置的开关, 就可以把灯阵从全亮变成全灭.

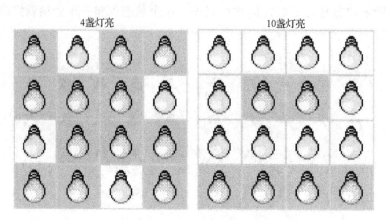

**图 4.8 关灯游戏求解示意图**

如果想要在按下最少次数的要求下把所有灯关掉, 我们就可以得到如下整数规划模型.

$$\min \quad \sum_{i,\,j} x_{ij},$$
$$\text{s.t.} \quad \sum_{|k-i|+|l-j|\leqslant 1} x_{kl} = 2m_{ij}+1, \ \ i,\,j=1,2,\cdots,n,$$
$$x_{ij} \in \{0,1\},$$
$$m_{ij} \in \{0,1,2\}.$$

对于边角的情况, 某些 $m_{ij}$ 的值不取 2, 但是在要求开关按下总次数最小的情况下, 这些变量自然地就不会取 2 的值.

**模型求解** 如果我们只想找到一个解, 而不管它是不是最优, 那么我们可以使用模 2 的运算. 在模 2 的运算中, 加和减是一样的, 例如若 $x$, $y$ 都是 0, 1 变量, 则 $x+y$ 和 $x-y$ 除以 2 余数相同, 我们称之为关于 2 同余, 记为 $x+y \equiv x-y \,(\text{mod}\,2)$.

下面我们考虑灯阵为 4 行 4 列的情形. 我们总共可以列出 16 个方程, 也有 16 个变量 $x_{ij}$, $i$, $j=1,2,3,4$. 其中, 包含 $x_{11}$ 的方程有 3 个, 剩余的 13 个不包含 $x_{11}$.

$$\begin{cases} x_{11}+x_{12}+x_{21} = 1\,(\text{mod}\,2), \\ x_{11}+x_{12}+x_{13}+x_{22} = 1\,(\text{mod}\,2), \\ x_{11}+x_{21}+x_{22}+x_{31} = 1\,(\text{mod}\,2). \end{cases}$$

把第一个方程分别加到(减去)其余两个方程上, 得到

$$\begin{cases} x_{21}+x_{13}+x_{22} = 0\,(\text{mod}\,2), \\ x_{12}+x_{22}+x_{31} = 0\,(\text{mod}\,2). \end{cases}$$

联系原来的 13 个方程, 我们得到了 15 个不含 $x_{11}$ 的 15 个变量的方程组, 从而消去了 $x_{11}$ 变量. 下一步可以再选择一个变量消去, 直至求解出方程组的解. 这实际上就是模 2 的高斯消去法.

下面是一个2行2列灯阵问题的求解过程. 依据上面的方法及标记, 可以建立方程组

$$\begin{cases} x_{11}+x_{12}+x_{21}=1, \\ x_{11}+x_{12}+x_{22}=1, \\ x_{11}+x_{21}+x_{22}=1, \\ x_{12}+x_{21}+x_{22}=1. \end{cases}$$

分别表示灯 $(1,1)$, $(1,2)$, $(2,1)$, $(2,2)$ 改变状态.

第1个方程依次加到第2、3两个方程, 可得

$$\begin{cases} x_{11}+x_{12}+x_{21}=1, \\ x_{21}+x_{22}=0, \\ x_{12}+x_{22}=0, \\ x_{12}+x_{21}+x_{22}=1. \end{cases}$$

注意, 这里的加法是模2的加法, 即有 $1+1=0$.

对调第2、3个方程, 并把调好的第2个方程加到第4个方程上

$$\begin{cases} x_{11}+x_{12}+x_{21}=1, \\ x_{12}+x_{22}=0, \\ x_{21}+x_{22}=0, \\ x_{21}=1. \end{cases}$$

对调第3、4个方程, 并把调好后的第3个方程加到第4个方程上

$$\begin{cases} x_{11}+x_{12}+x_{21}=1, \\ x_{12}+x_{22}=0, \\ x_{21}=1, \\ x_{22}=1. \end{cases}$$

可以解得 $x_{11}=x_{12}=x_{21}=x_{22}=1$. 即对于2行2列灯阵问题, 如果要把所有灯关掉, 则把每个开关按一下即可.

### 4.4.4 零件生产正品的优化问题

**问题描述** 某厂计划大规模生产的一种产品由零件 A、B 组成, 设零件 A 与零件 B 的参数 $X$, $Y>0$ 是独立的均匀分布的随机变量. 产品的参数 $Z=f(X, Y)=XY$ 的目标值是 1. 当产品参数值 $Z$ 与目标值 1 的偏差 $Z-1$ 小于 $r_1$ ($r_1=1/100$) 时是正品; 偏差大于 $r_1$ 而小于 $r_2$ ($r_2=2/100$) 时是次品; 偏差大于 $r_2$ 时是废品. 正品的市场单价 $P_1=4\,000$ 元, 次品的市场单价是 $P_2=3\,000$ 元, 不计加工费的各种成本折算后每件产品成本为 $P_3=2\,000$. 为了成本核算, 考虑付了加工费后是否值得生产. 若用相对精度 $k$ ($0<k<1$) 的加工精度加工这两个零件, 设 $X$ 的标定值 $X_0>0$, 最大偏差 $\pm kX_0$; $Y$ 的标定值是 $Y_0$, 最大偏差 $\pm kY_0$. 已知每个零件的加工费用与 $k$ 成反比, 比例系数都是常数 $C$. 假定每月的原材料量是固定的. 当 $C=0.833\,292$ 时, 求 $Z$ 的标定值 $Z_0=X_0Y_0$, 加工精度 $k$, 使得平均利润最大, 并求单位产品的平均利润及达到最大平均利润时的正品率和次品率. 当 $C$ 为什么值时, 该产品的平均利润为 0?

**思路分析** 设零件 $A$ 的标定值为 $x_0$，若加工精度为 $k$，则零件参数 $X$ 是区间 $[x_0-kx_0,$ $x_0+kx_0]$ 上的均匀分布. 同样地，若零件 $B$ 的标定值为 $y_0$，加工精度为 $k$，则零件参数 $Y$ 是区间 $[y_0-ky_0,y_0+ky_0]$ 上的均匀分布.

**模型建立** 产品参数 $Z=f(X,Y)=XY$ 是矩形区域 $[x_0-kx_0,x_0+kx_0]\times[y_0-ky_0,y_0+ky_0]$ 上的二维均匀分布. 记 $S=2kx_0\times2ky_0$ 为该分布区域的面积，则正品率 $p_0$、次品率 $p_1$ 和废品率 $p_2$ 各为

$$p_0=\frac{1}{S}\iint_{|Z-1|\leqslant r_1}\mathrm{d}x\mathrm{d}y,\quad p_1=\frac{1}{S}\iint_{r_1\leqslant|Z-1|\leqslant r_2}\mathrm{d}x\mathrm{d}y,\quad p_2=\frac{1}{S}\iint_{|Z-1|\geqslant r_2}\mathrm{d}x\mathrm{d}y,$$

易知有 $p_0+p_1+p_2=1$. 展开计算，有

$$p_0=\frac{1}{4k^2x_0y_0}\int_{y_0-ky_0}^{y_0+ky_0}\mathrm{d}y\int_a^b\mathrm{d}x,$$

其中，$a=\max(x_0-kx_0,(1-r_1)/y)$，$b=\min(x_0+kx_0,(1+r_1)/y)$. 类似地，有

$$p_2=\frac{1}{4k^2x_0y_0}\left(\int_{y_0-ky_0}^{y_0+ky_0}\mathrm{d}y\int_e^{x_0+kx_0}\mathrm{d}x+\int_{y_0-ky_0}^{y_0+ky_0}\mathrm{d}y\int_{x_0-kx_0}^f\mathrm{d}x\right),$$

其中，

$$e=\max(x_0-kx_0,\min(x_0+kx_0,(1+r_2)/y)),$$

$$f=\min(x_0+kx_0,\max(x_0-kx_0,(1-r_2)/y)).$$

这里，$p_1=1-p_0-p_2$ 就不必另列式计算了.

因此，每一件产品销售的期望值是 $400p_0+3\,000p_1$，而同时，每一件产品的成本为 $2\,000+2c/k$. 所以，希望平均利润最大即为

$$\max\quad 4\,000p_0+3\,000p_1-(2\,000+2c/k),$$

其中，$p_0$，$p_2$ 可用上面的计算过程计算，它们依赖于 $x_0$，$y_0$，$k$，这些也是上述优化问题的决策变量.

记 $F(x_0,y_0,k;C)=4\,000p_0+3\,000p_1-(2\,000+2c/k)$，则要求利润平均值为 $0$ 相当于求解关于变量 $C$ 的非线性方程的根

$$G(C)=\max_{x_0,y_0,k}F(x_0,\ y_0,\ k;\ C).$$

**模型求解** 这个问题虽然是一个单变量函数的求根问题，但对于每个 $C$，我们可以通过优化问题求得其函数值，它的导数是很难计算的，因此可以尝试采用割线法（或者二分法）.

编写 MATLAB 程序，可以计算得到最大平均利润为 $1\,694.5$，该值可于 $x_0=0.974\,0$，$y_0=1.026\,7$，$k=0.006\,0$ 处得到；而此时 $p_0=97.22\%$，$p_1=2.778\,8\%$，$p_2=0$. 当 $C=9.505\,5$ 时，最大平均利润为 $0$.

### 4.4.5 网络流问题

**问题描述** 人们经常需要在图论的背景下计算如何设计商品的运输方案，但当问题变得较为复杂时，我们可以采用最优化模型来进行运输方案的规划. 例如下面的例子.

某城区有道路图如图 4.9 所示. 现在要从点 1 出发，运送 10t 货物 $A$ 和 10t 货物 $B$ 到点 16. 已知目前可以中途停经的点有 14 个，编号为 2~15，它们之间有道路相互联系，属性如表 4.7 所示.

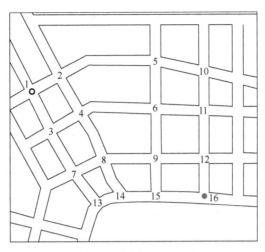

图 4.9 城市运输示意图

表 4.7 道路信息

| 道路 | 路口 | 运量上限(t) | 长度(km) | 道路 | 路口 | 运量上限(t) | 长度(km) |
|---|---|---|---|---|---|---|---|
| 1 | 1, 2 | 11 | 3 | 13 | 1, 3 | 12 | 4 |
| 2 | 2, 5 | 5 | 10 | 14 | 3, 7 | 6 | 4 |
| 3 | 5, 10 | 4 | 4 | 15 | 7, 13 | 3 | 4 |
| 4 | 3, 4 | 6 | 3 | 16 | 2, 4 | 6 | 4 |
| 5 | 4, 6 | 5 | 8 | 17 | 4, 8 | 8 | 5 |
| 6 | 6, 11 | 4 | 4 | 18 | 8, 14 | 6 | 4 |
| 7 | 7, 8 | 4 | 3 | 19 | 5, 6 | 3 | 4 |
| 8 | 8, 9 | 5 | 6 | 20 | 6, 9 | 3 | 4 |
| 9 | 9, 12 | 6 | 4 | 21 | 9, 15 | 2 | 4 |
| 10 | 13, 14 | 3 | 2 | 22 | 10, 11 | 3 | 3 |
| 11 | 14, 15 | 8 | 3 | 23 | 11, 12 | 6 | 4 |
| 12 | 15, 16 | 10 | 4 | 24 | 12, 16 | 12 | 4 |

已知货物 $A$ 运输费用为每吨每千米 3 元, 即 $\text{cost}_A = 3dx$; 货物 $B$ 的运输中, 不足 1t 的部分以 1t 计费, 在任意相邻两个路口间运输的费用正比于该路段长度平方, 且比例系数为 1/3, 即 $\text{cost}_B = \frac{1}{3}d^2\lceil x \rceil$, 其中 $x$ 为运货量, $d$ 为路段长度. 如何设计运输方案可以使得总运费最节省?

**思路分析** 假设运输时, 所有货物都沿着从西北到东南的方向运输, 因此可以把这个图设置为有向图. 该图的关联矩阵如下

$$
E=\begin{bmatrix}
1 & 0 & 0 & 0 & 0 & 0 & 0 & 0 & 0 & 0 & 0 & 0 & 1 & 0 & 0 & 0 & 0 & 0 & 0 & 0 & 0 & 0 & 0 & 0 \\
-1 & 1 & 0 & 0 & 0 & 0 & 0 & 0 & 0 & 0 & 0 & 0 & 0 & 0 & 0 & 0 & 1 & 0 & 0 & 0 & 0 & 0 & 0 & 0 \\
0 & 0 & 0 & 1 & 0 & 0 & 0 & 0 & 0 & 0 & 0 & 0 & 0 & -1 & 1 & 0 & 0 & 0 & 0 & 0 & 0 & 0 & 0 & 0 \\
0 & 0 & 0 & -1 & 1 & 0 & 0 & 0 & 0 & 0 & 0 & 0 & 0 & 0 & 0 & -1 & 1 & 0 & 0 & 0 & 0 & 0 & 0 & 0 \\
0 & -1 & 1 & 0 & 0 & 0 & 0 & 0 & 0 & 0 & 0 & 0 & 0 & 0 & 0 & 0 & 0 & 1 & 0 & 0 & 0 & 0 & 0 & 0 \\
0 & 0 & 0 & 0 & -1 & 1 & 0 & 0 & 0 & 0 & 0 & 0 & 0 & 0 & 0 & 0 & 0 & 0 & -1 & 1 & 0 & 0 & 0 & 0 \\
0 & 0 & 0 & 0 & 0 & 0 & 1 & 0 & 0 & 0 & 0 & 0 & 0 & 0 & -1 & 1 & 0 & 0 & 0 & 0 & 0 & 0 & 0 & 0 \\
0 & 0 & 0 & 0 & 0 & 0 & -1 & 1 & 0 & 0 & 0 & 0 & 0 & 0 & 0 & -1 & 1 & 0 & 0 & 0 & 0 & 0 & 0 & 0 \\
0 & 0 & 0 & 0 & 0 & 0 & 0 & -1 & 1 & 0 & 0 & 0 & 0 & 0 & 0 & 0 & 0 & 0 & -1 & 1 & 0 & 0 & 0 & 0 \\
0 & 0 & -1 & 0 & 0 & 0 & 0 & 0 & 0 & 0 & 0 & 0 & 0 & 0 & 0 & 0 & 0 & 0 & 0 & 0 & 1 & 0 & 0 & 0 \\
0 & 0 & 0 & 0 & 0 & 0 & 0 & 0 & -1 & 0 & 0 & 0 & 0 & 0 & 0 & 0 & 0 & 0 & 0 & 0 & -1 & 1 & 0 & 0 \\
0 & 0 & 0 & 0 & 0 & 0 & 0 & 0 & 0 & -1 & 0 & 0 & 0 & 0 & 0 & 0 & 0 & 0 & 0 & 0 & 0 & -1 & 1 & 0 \\
0 & 0 & 0 & 0 & 0 & 0 & 0 & 0 & 0 & 0 & 1 & 0 & 0 & 0 & 0 & 0 & -1 & 0 & 0 & 0 & 0 & 0 & 0 & 0 \\
0 & 0 & 0 & 0 & 0 & 0 & 0 & 0 & 0 & 0 & -1 & 1 & 0 & 0 & 0 & 0 & 0 & -1 & 0 & 0 & 0 & 0 & 0 & 0 \\
0 & 0 & 0 & 0 & 0 & 0 & 0 & 0 & 0 & 0 & 0 & -1 & 1 & 0 & 0 & 0 & 0 & 0 & 0 & 0 & -1 & 0 & 0 & 0 \\
0 & 0 & 0 & 0 & 0 & 0 & 0 & 0 & 0 & 0 & 0 & 0 & -1 & 0 & 0 & 0 & 0 & 0 & 0 & 0 & 0 & 0 & -1 & -1
\end{bmatrix}
$$

这里，若第 $i$ 条边(道路)的两个关联顶点为 $k$、$j$(路口)，则第 $i$ 列的第 $k$、$j$ 行元素为 1 或 $-1$，其中 1 表示始点，$-1$ 表示终点. 因为矩阵 $E$ 的所有行向量的和等于零向量，所以矩阵 $E$ 不是行满秩的.

记货物 $A$ 在道路 $i$ 上的运量为 $x_i \geqslant 0$，货物 $B$ 在道路 $i$ 上的运量为 $y_i \geqslant 0$. 则有对于节点 1 有 $x_1 + x_{13} = 10$，对于节点 2 有 $x_1 = x_2 + x_{16}$，类似地，对于所有其他的节点，汇入的货物应等于流出的货物，对于节点 16，$x_{12} + x_{24} = 10$. 合并这些条件，可以得到

$$Ex = s,$$

其中，$x = (x_1, x_2, \cdots, x_{24})^{\mathrm{T}}$，$s = (10, 0, \cdots, 0, -10)^{\mathrm{T}}$. 一开始提供给节点 1 的商品最终都会汇集到节点 16，方程 $Ex = s$ 的约束并不是独立的，可以从中随便去掉一个. 对于货物 B，我们也有 $Ey = s$. 记道路 $i$ 的长度为 $d_i$，运量上限为 $w_i$.

**模型建立**　我们可以建立如下模型.

$$\min \quad \sum_{i=1}^{24} 3d_i x_i + \frac{1}{3} d_i^2 \lceil y_i \rceil,$$
$$\text{s. t.} \quad x_i + y_i \leqslant w_i, \quad i = 1, \cdots 24,$$
$$Ex = s,$$
$$Ey = s,$$
$$x \geqslant 0, \quad y \geqslant 0.$$

**模型求解**　求解该问题，可以解得最低运费为 1 190.6 元，运输路线分布如图 4.10 所示. 其中虚线表示货物 $A$ 的运输路线，实线表示货物 $B$ 的运输路线，线条越粗，则表示运量越大.

### 4.4.6　应急设施配置问题

**问题描述**　里奥兰翘(Rio Rancho)镇至今还没有自己的应急设施，1986 年该镇得到了建立两个应急设施的拨款，每个设施都有救护站、消防队和警所. 图 4.11 指出了 1985 年

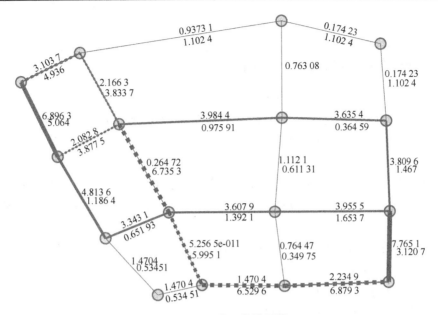

**图 4.10　运输运费结果图**

每个长方形街区发生的应急事件的次数. 在北边的 L 形状的区域是一个障碍, 而在南边的长方形区域是一个有浅水塘的公园. 应急车辆驶过一条南北向的街道平均要花费 15s, 而通过一条东西向的街道平均花费 20s. 现在需要确定这两个应急设施的位置, 使得总响应时间最小. 假定需求集中在每个街区的中心, 而应急设施位于街角处.

| 5 | 2 | 2 | 1 | 5 | 0 | 3 | 2 | 4 | 2 |
|---|---|---|---|---|---|---|---|---|---|
| 2 | 3 | 3 | 3 | 0 | 3 | 4 | 1 | 3 | 0 | 4 |
| 4 | 3 | 3 |   | 3 | 4 | 0 |   | 0 |   | 0 |
| 1 | 2 |   | 0 |   | 4 | 3 | 2 | 2 | 0 |   |
| 3 | 3 | 2 | 5 | 3 | 2 | 1 | 0 | 3 | 3 |

*N* ←

**图 4.11　里奥兰翘镇 1985 年各街区的应急事件数**

　　**思路分析**　我们假定两个应急设施的功能完全相同, 在任何时候有应急事件出现, 只需从最近的地点派出应急车辆即可. 且假设应急事件发生频度很低, 不致出现应急车辆从一个处理现场奔赴另一个应急事件现场的情景.

　　**模型建立**　建立直角标坐标系, 以该镇的西北角为坐标原点, 由北向南方向为 $x$ 正向, 由西向东为 $y$ 正向, 各方向的一个街区为一个单位刻度. 在此设定下, 每个街角皆为整数坐标点, 每个街区的中心坐标为 $(i+0.5, j+0.5)$ 的形式, 其中 $i$、$j$ 为整数. 则从设置在 $(X, Y)$ 处的应急设施到以上述点位中心的街区的形式时间为 (单位为秒)

$$t(X, Y, i, j) = 15(\,|X-i-0.5|-0.5) + 20(\,|Y-j-0.5|-0.5).$$

　　如果把应急设施设置在 $(X_1, Y_1)$, $(X_2, Y_2)$ 处, 则对于中心为 $(i+0.5, j+0.5)$ 的街区的

响应时间为

$$R(X_1,Y_1,X_2,Y_2,i,j) = \min(t(X_1,Y_1,i,j),\ t(X_2,Y_2,i,j)),$$

而按照频度加权的小镇各处的总响应时间为

$$T = \sum_i \sum_j p_{ij} R(X_1,Y_1,X_2,Y_2,i,j).$$

这里，$p_{ij}$ 是中心为 $(i+0.5,j+0.5)$ 的街区的应急事件频度. 我们可以通过简单的枚举得到 $T$ 的最小值，在问题的假设下，$T$ 依赖于 $X_1,Y_1,X_2,Y_2$，仅有有限的（几千个）函数取值.

下面我们考虑更为真实的情况. 假设某个正方形的小镇，任意一处都有可能有应急事件，给定可以设立的应急设施数量（3 个或者 4 个），请问应急设施应该设置在什么地方？

仿照上面的分析，应急设施会有自己的辖区，例如，假设应急设施的位置为 $(X_k,Y_k)$，$k=1,\cdots,4$，若正方形区域内的某个点 $(i,j)$ 离 $(X_1,Y_1)$ 较其他 $(X_k,Y_k)$ 近，则该点出现应急事件时，从 $(X_1,Y_1)$ 派出应急车辆，我们称 $(i,j)$ 点属于 $(X_1,Y_1)$ 的辖区. 可以看出，当应急设施位置给定时，两个距离较近的应急设施点的辖区分界线应该是连接它们的线段的垂直平分线. 这样，一个应急设施点的辖区是围绕它的各个应急设施点和它的连线线段的垂直平分线的一部分组成的一个凸多边形，如图 4.12 所示.

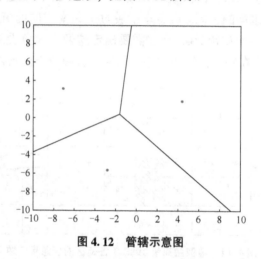

**图 4.12 管辖示意图**

反之，如果确定了一个辖区，那么应该把应急设施放置在辖区内的哪个地方可以使总响应时间最短？一般地，假设正方形小镇的任意点应急事件发生的概率相同，则这个可以使得加权平均最小的点就是它的重心（如果应急事件发生的概率不相同，该点是以概率为密度的多边形的重心）.

那么，问题归结为如何放置应急设施，可以使得每个应急设施刚好在自己辖区的重心上？一个极其简单的例子是当应急设施可以放置 4 个时，它们应该放置在连接原始正方形对边中点得到的 4 个小正方形的中心. 当然，可以连接一组对边的四等分点得到 4 个小长方形，每一个长宽比为 4：1，而应急设施就放置在这些小长方形的中心. 后面这个方案的最长响应时间显然比前一个方案的要长.

**模型求解** 如果应急设施个数目既不是 4 个，也不是 9 个，或者不是任何平方数量，那么如何放置它们呢？我们可以用如下的方法.

算法(应急设施的放置)
　　给定需要放置的应急设施数目 $N$；
　　设定 $N$ 个随机的应急设施位置 $(X_k^0, Y_k^0)$, $k=1,2,\cdots,N$；
　　迭代指标 $i=0$；
　　循环如下操作
　　　　$i=i+1$
　　　　以 $(X_k^{i-1}, Y_k^{i-1})$ 为应急设施点，划分出每个应急设施点的辖区
　　　　求出每个辖区的重心 $(U_k^{i-1}, V_k^{i-1})$
　　　　令 $X_k^i = X_k^{i-1} + \alpha(U_k^{i-1} - X_k^{i-1})$，$Y_k^i = Y_k^{i-1} + \alpha(V_k^{i-1} - Y_k^{i-1})$
　　　　直到 $\max_k(|X_k^i - X_k^{i-1}|, |Y_k^i - Y_k^{i-1}|) \leqslant \varepsilon$

算法中，$\varepsilon$ 为给定的精度，$\alpha \in (0,1)$ 为给定的松弛参数.

关于计算一个多边形的重心，我们有如下简单的递推公式：如果多边形 1 的面积为 $S_1$，重心为 $(x_{c1}, y_{c1})$，多边形 2 的面积为 $S_2$，重心为 $(x_{c2}, y_{c2})$，则这两个多边形的并(若相邻则仍为多边形)的重心为 $\left(\dfrac{S_1 x_{c1} + S_2 x_{c2}}{S_1 + S_2}, \dfrac{S_1 y_{c1} + S_2 y_{c2}}{S_1 + S_2}\right)$. 注意，一个多边形的重心坐标并非它的各顶点坐标的算术平均.

下面的算法直接给出每个应急设施点的辖区.

算法(应急设施的辖区)
　　给定某个应急设施点 $(X_0, Y_0)$，记其他应急设施点离它最近者为 $(X_1, Y_1)$，记 $p=1$.
　　循环如下操作.
　　　　对所有不为 $(X_0, Y_0)$，$(X_p, Y_p)$ 的点 $(X_k, Y_k)$，
　　　　(1) 找出所有 $(X_0, Y_0)$，$(X_p, Y_p)$ 的垂直平分线与 $(X_0, Y_0)$，$(X_k, Y_k)$ 的垂直平分线的交点；
　　　　(2) 找出这些交点离 $(X_0, Y_0)$，$(X_p, Y_p)$ 线段中点(逆时针方向)最近者，记下其对应的 $k^* = k$；
　　　　(3) $p = k^*$.
　　直到 $k=1$.

图 4.13 给出了 $N=7$ 时的几个解. 一般来讲，通过迭代法我们只能搜寻到一些局部稳定的解.

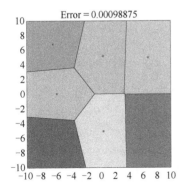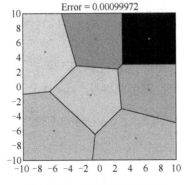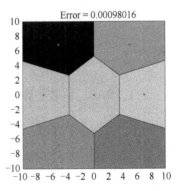

图 4.13　应急设施结果图

再来看变分优化，变分优化一般是指控制变量不是一个常数，而是一个函数，所以可控范围就变成了函数族.

# 4.5 变分优化模型应用

## 4.5.1 简单变分优化

**模型 I 等周长问题(半圆)**

**问题描述** 在章头提到的黛朵用牛皮圈地的故事中,黛朵很聪明地以海岸为一边,用牛皮条圈了一个半圆,如果牛皮条长 $L$,我们用变分方法来计算一下她圈出来的最大面积.

**思路分析** 先固定牛皮条的一头,牛皮条另一头落在海岸线上,假定离原点距离为 $a$,$a$ 值待定,那么牛皮条和海岸线所圈的面积就是 $0 \sim a$ 关于牛皮条函数的积分. 我们就是要在牛皮条圈成的所有形状中找到与海岸线所围的最大的面积.

设固定点为坐标原点,海岸线为 $x$ 轴,牛皮条形状为 $y(x)$,可导,并且有 $y(0)=0$,$y(a)=0$.

**模型建立** 这样,目标牛皮条与海岸线所围的最大面积为

$$\max \int_0^a y(x)\,\mathrm{d}x.$$

由于牛皮条的长度为定值 $L$,所以限制条件为

$$\int_0^a \sqrt{1+y'^2(x)}\,\mathrm{d}x = L.$$

函数容许集合为

$$\{y(x) \mid y \in C^1(0,a),\ y(0)=0,\ y(a)=0\},$$

于是,此问题的欧拉-拉格朗日方程为

$$1 - \frac{\mathrm{d}}{\mathrm{d}x} \frac{\lambda y'}{\sqrt{1+y'^2}} = 0.$$

**模型求解**

求解模型,有

$$\frac{\lambda y'}{\sqrt{1+y'^2}} = x+C_1 \ \text{或}\ y'^2 = \frac{(x+C_1)^2}{\lambda^2-(x+C_1)^2},$$

即

$$(x+C_1)^2 + (y+C_2)^2 = \lambda^2.$$

可以看出,这就是圆的方程,由 $y(0)=0$,$y(a)=0$,可得

$$C_1 = -\frac{a}{2},\ C_2 = 0,\ \lambda = \frac{a}{2}.$$

再由

$$\int_0^a \frac{a\,\mathrm{d}x}{\sqrt{a^2-(2x-a)^2}} = L,$$

求得

$$a = \frac{2L}{\pi},\ \text{最大面积} = \frac{L^2}{2\pi}.$$

**模型 II　磨刀问题**

**问题描述**　俗话说"磨刀不误砍柴工"，那么怎么磨刀最有效？

**思路分析**　所谓效率最高，就是固定时间内所完成的任务最多，在这个问题中就是砍到的柴最多．这就是目标函数．那么我们能控制什么？我们能控制的是磨刀的时间和频率．

固定时间为 $0 \sim T$．砍柴的速度为 $x(t)$，其有如下特点：磨刀时为 0，砍柴时是时间 $t$ 的下降函数，如 $x(t) = x_0 e^{-ct}$，$c$ 是某正常数，代表刀的耗钝系数．磨完刀后回到最快速度 $x_0$．为了简化问题，我们先假定，在考虑时间 $0 \sim T$ 内，只磨一次刀．那么我们的问题就简化为什么时候磨刀．假设磨刀时间为 $(t_0, t_0+d) \in (0, T)$．磨刀间隔 $d$ 固定．

**模型建立**　我们要求下面的目标函数

$$\max \quad G = \int_0^T x(t)\,\mathrm{d}t.$$

其中

$$x(t) = \begin{cases} x_0 e^{-ct}, & t \in (0, t_0), \\ x_0 e^{-c(t-t_0-d)}, & t \in (t_0+d, T), \\ 0, & t \in [t_0, t_0+d], \end{cases}$$

那么问题将转换成找到 $t_0$ 使得 $G$ 最大．

**模型求解**　这个问题中如果控制函数是一个砍柴速度函数，那就是一个变分问题．但这个问题我们可以简化成一般的优化问题，找一个控制变量 $t_0$．那问题就简单得多．但我们由此可以理解一下什么是变分．

事实上，有

$$G(t_0) = \int_0^{t_0} x_0 e^{-ct}\,\mathrm{d}t + \int_{t_0+d}^T x_0 e^{-c(t-t_0-d)}\,\mathrm{d}t = \frac{x_0}{c}(1-e^{-ct_0}) + \frac{x_0}{c}(1-e^{-c(T-t_0-d)}),$$

对 $G(t_0)$ 关于 $t_0$ 求导并令其为 0，有

$$G'(t_0) = x_0(e^{-ct_0} - e^{-c(T-t_0-d)}) = 0.$$

解得

$$t_0^* = \frac{T-d}{2}.$$

这就是最佳的停下磨刀的时间．这时磨刀我们可以砍到的柴的数量如下

$$G(t_0^*) = \frac{2x_0}{c}(1-e^{-\frac{c(T-d)}{2}}),$$

如果我们不磨刀，那么有

$$G(T) = \frac{x_0}{c}(1-e^{-cT}),$$

显然，要实现磨刀不误砍柴工，那磨刀的时间就不能太长．那么磨刀时间最多为多少呢？也就是说，有

$$G(t_0^*) > G(T),$$

解一下这个式子，不难得到

$$d < T + \frac{2}{c}\ln\frac{1+e^{-cT}}{2}.$$

由于 $1+e^{-cT}<2$，所以上式第二项为负，这意味着 $d<T$. 另一方面，有

$$T+\frac{2}{c}\ln\frac{1+e^{-cT}}{2}=\ln\frac{e^{cT/2}+e^{-cT/2}}{2}>0,$$

所以大于 0 使得不误砍柴工的磨刀时间 $d$ 是存在的.

### 4.5.2 路径变分优化

俗话说"条条道路通罗马"，那么哪条路最近？如果不考虑地球经济因素，只考虑纯粹平面，那么回答很简单：根据几何原理，两点间直线最近. 但是我们还要考虑其他限制条件. 根据不同的限制条件，我们分别建立下面几个模型.

**模型 I　直线问题**

**问题描述**　虽然地球是圆的，但足够大，我们可以近似地将地球表面看成平面. 先看一个没有任何其他附加条件的模型.

**思路分析**　提问者站在坐标原点 $(0,0)$，罗马的坐标为 $(1,a)$，在这两点间任画一条连线，连线函数是 $y=f(x)$. 所有这样的函数的可容许集合为所有通往罗马的路径集合，用数学的语言就是

$$\Phi=\{f(x)\text{连续可微，并且}f(0)=0,\ f(1)=a\}.$$

**模型建立**　两点之间沿 $y=f(x)$ 走的距离为

$$D=\int_0^1\sqrt{1+f'^2(x)}\,\mathrm{d}x,$$

我们是要在可容许集合 $\Phi$ 中找一个函数 $y=f^*(x)$ 使得 $D$ 最小.

**模型求解**　我们重写 $f(x)=f^*(x)+\delta\varphi(x)$，其中 $\varphi(x)$ 连续可微，并且 $\varphi(0)=\varphi(1)=0$. 所以我们有

$$D(\delta)=\int_0^1\sqrt{1+(f^{*\prime}(x)+\delta\varphi'(x))^2}\,\mathrm{d}x.$$

$\delta$ 在 0 点取得极值，将 $D(\delta)$ 关于 $\delta$ 求导并令其为 0，得

$$D'(\delta)=\int_0^1\frac{f^{*\prime}(x)\varphi'(x)}{\sqrt{1+f^{*\prime2}(x)}}\mathrm{d}x=\left.\frac{f^{*\prime}(x)\varphi(x)}{\sqrt{1+f^{*\prime2}(x)}}\right|_{x=0,1}-\int_0^1\frac{f^{*\prime\prime}(x)\varphi(x)}{\sqrt[3]{1+f^{*\prime2}(x)}}\mathrm{d}x,$$

由于 $\varphi(x)$ 的任意性，及其边值为零，使得 $D'(\delta)=0$ 只有

$$f^{*\prime\prime}(x)=0,$$

加上 $f^*(x)\in\Phi$，可知 $f^*(x)$ 只能是过 $(0,0)$ 和 $(1,a)$ 的直线.

**模型 II　绕山问题**

**问题描述**　在去罗马的路上的直线路径上，还有高山阻挡，如果翻山难度太大，应该不是最优. 我们可以绕着山走，但问题是怎么绕才是最短路径. 图 4.14 给出了一种绕山最优路线示意.

**思路分析**　直觉告诉我们，最短的距离应该是从 $A$ 点出发，先沿直线达到山的某点，然后沿着山的表面绕行至山另一边的某点，然后离开山，沿直线到达 $B$ 点，并且所有的路线都应该在地面上. 那么接下来的问题是，在哪点接触山又在哪点离开山为最佳？

建立如下坐标：$A$、$B$ 两点的坐标分别为 $(0,0)$ 和 $(1,0)$；山底

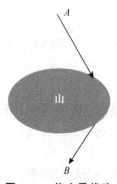

**图 4.14　绕山最优路线示意图**

等高线为连续光滑函数 $y = h(x)$，$h(0) = h(1) = 0$，并且 $h''(x) > 0$，如图 4.15 所示.

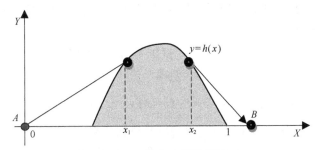

**图 4.15 绕山建模示意图**

**模型建立** 先任选绕山点和离山点 $x_1$，$x_2$，然后选最优. 假定绕山点和离山点的坐标为 $(x_i, h(x_i))$，$i = 1, 2$，所以 $A$ 到 $B$ 的距离函数为

$$d(x_1, x_2) = \sqrt{x_1^2 + h^2(x_1)} + \int_{x_1}^{x_2} \sqrt{1 + h'^2(x)}\, \mathrm{d}x + \sqrt{(1-x_2)^2 + h^2(x_2)}\ .$$

**模型求解** $d(x_0)$ 取得极小的必要条件是 $\dfrac{\partial d}{\partial x_1} = \dfrac{\partial d}{\partial x_2} = 0$，即

$$\frac{x_1 + h(x_1)h'(x_1)}{\sqrt{x_1^2 + h^2(x_1)}} - \sqrt{1 + h'^2(x_1)} = 0,$$

$$\frac{x_2 - 1 + h(x_2)h'(x_2)}{\sqrt{(1-x_2)^2 + h^2(x_2)}} + \sqrt{1 + h'^2(x_2)} = 0,$$

这两个方程非耦合，整理得

$$(h(x_1) - x_1 h'(x_1))^2 = 0, \quad (h(x_2) + (1-x_2)h'(x_2))^2 = 0,$$

或者

$$\frac{h(x_1)}{x_1} = h'(x_1), \quad \frac{h(x_2)}{1-x_2} = -h'(x_2).$$

这表明，在绕山点和离山点上山等高线截面的切线与离山直线重合，所以我们得到的最优路径 $(x, f(x))$ 中 $f(x)$ 满足

$$f(x) = \begin{cases} \dfrac{h(x_1)}{x_1}x, & \text{当 } x \in (0,\ x_1), \\[2mm] h(x), & \text{当 } x \in (x_1,\ x_2), \\[2mm] -\dfrac{h(x_2)}{1-x_2}x, & \text{当 } x \in (x_2,\ 1), \\[2mm] \dfrac{h(x_1)}{x} = h'(x_1), & \text{当 } x = x_1, \\[2mm] \dfrac{h(x_2)}{1-x} = -h'(x_2), & \text{当 } x = x_2. \end{cases}$$

如果有 $h(x)$ 的信息，这可以求出 $x_1$，$x_2$ 的具体值. 例如当 $h(x) = 1 - 8(x - 0.5)^2$ 时，可求出 $x_1 = \dfrac{\sqrt{2}}{4}$，$x_2 = 1 - \dfrac{\sqrt{2}}{4}$.

然而，这样的解法虽然简单，但却有争议. 因为我们讨论的路径并没有包括从 $A$ 到 $B$ 的绕过障碍的所有路径. 为此，我们可用一般的变分的方法来讨论这个问题.

考虑允许函数集合

$$M_1 = \{f(x) \mid f(x) \in C^1[0,\ 1],\ f(0)=0,\ f(1)=1,\ f(x) \geqslant g(x)\},$$

我们要求的变分问题是寻找 $y^*(x)$，使得

$$J[y^*(x)] = \inf_{y \in M} \int_0^1 \sqrt{1+y'^2(x)}\, \mathrm{d}y.$$

我们要说明这个变分问题的解就是由模型 II 得到的解.

事实上，由自由边界问题理论，上面的变分问题的解等价于如下的被称为两可问题的解.

寻找 $f(x) \in C^1[0,\ 1]$，使得

$$\begin{cases} f(x)-g(x) \geqslant 0, \\ -f''(x) \geqslant 0, \\ (f(x)-g(x)) \cdot f''(x)=0, \\ f(0)=0,\ f(1)=1. \end{cases}$$

而且，上述两个问题的解是存在唯一的.

### 模型 III　航渡模型

**问题描述**　如果在去罗马的路上有海峡要航渡，而最近的路径可以理解成用时最短的路. 如果海路所耗的时间是陆路的 5 倍，海流会改变航线，最短的航线并不在直线距离线上，如图 4.16 所示，那么如何横渡为最佳?

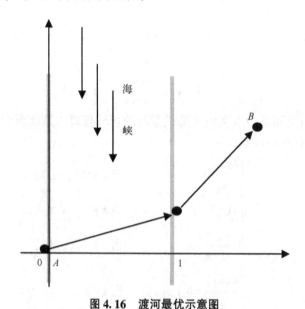

图 4.16　渡河最优示意图

**思路分析**　从 $A$ 出发要到 $B$ 点，直接走直线穿过海峡并不一定最优，因为在海中所耗时间是在陆地上同距离所耗时间的 3 倍. 所以要找一个海峡距离较短的地方渡海，但走得太远也不经济，所以要找到一个最佳的渡海点和登陆点使得整个去罗马的旅程最短.

$A$ 的坐标为 $(0,0)$，水流速度是常数 $c$，渡船按照曲线 $f(x)$ 行进渡海到达彼岸登陆点

$(1, f(1))$，并从登陆点沿直线前往目的地 $(2, 1)$.

**模型建立**　我们要求的是最短距离，考虑海上耗时是陆地同距离耗时的 3 倍，所以我们要求的目标函数是

$$D = 3\int_0^1 \sqrt{1 + (f'(x) - c)^2}\,dx + \sqrt{1 + (2 - f(1))^2}.$$

这里我们要寻找允许集合 $\{f(x)$ 连续可微，$f(0) = 0\}$ 里的函数使得上式取得最小值.

**模型求解**　要取得 $D$ 最小，如选用变分的方法，我们可得 $f''(x) = 0$，所以 $f(x) = ax$，登陆点为 $(1, a)$，现在要找到最优的 $a$，目标函数可以改写成

$$D = 3\int_0^1 \sqrt{1 + (a - c)^2}\,dx + \sqrt{1 + (2 - a)^2},$$

然后对 $D$ 关于 $a$ 求导，并令其为零，得

$$\frac{dD}{da} = 3\sqrt{1 + (a - c)^2} - \frac{a - 2}{\sqrt{1 + (2 - a)^2}} = 0.$$

解出上式的 $a$ 即可. 例如，如果 $c = 2$，可解的 $a = 2.847$. 也就是说，从 $A$ 点出发，以斜率为 2.847 的直线航向对岸，登岸后再按直线走向目标点 $B$.

**模型 IV　球面模型**

**问题描述**　去罗马只能沿着地球表面走. 所以我们的路径还有限制条件：去罗马的路必须沿着地球表面.

**思路分析**　现在把起点和终点放到三维空间去，假定地球是个圆球，半径为 1，从起点 $A$ 到终点 $B$ 沿着一条地球表面的曲线 $f$ 走. 我们用球坐标表示，起终点分别为 $(0, 1, 0)$ 和 $(a, \sqrt{1 - a^2}, 0)$.

$$(x_f(t), y_f(t), z_f(t)) = (\sin f(t)\sin t, \sin f(t)\cos t, \cos f(t)), \quad t \in [0, \arcsin a].$$

其中仰角 $f(t)$ 是方位角 $t$ 的函数，连续可微并有 $f(0) = \pi/2$，$f(\arcsin a) = \pi/2$，

**模型建立**　过 $A$，$B$ 两点路径的长为

$$
\begin{aligned}
D &= \int_0^{\arcsin a} \sqrt{x_f'^2(t) + y_f'^2(t) + z_f'^2(t)}\,dt \\
&= \int_0^{\arcsin a} \sqrt{\cos^2 f(t)\sin^2 t + \cos^2 f(t)\cos^2 t + \sin^2 f(t) + [\cos^2 f(t) + \sin^2 f(t)]f'^2(t)}\,dt \\
&= \int_0^{\arcsin a} \sqrt{\sin^2 f(t) + f'^2(t)}\,dt.
\end{aligned}
$$

**模型求解**　这个问题通过传统的变分方法求解比较复杂，但我们通过观察，注意到 $D$ 最小的值将在

$$f'(t) = 0$$

时达到，或者说球面上的曲线最短的路径是仰角始终为零，它关于方位角不变，再加上端点条件 $f(0) = f(\arcsin a) = \pi/2$，我们有

$$f(t) \equiv \pi/2,$$

也就是说最短路径是过 $A$、$B$ 两点的大圆弧.

### 4.5.3　生产安排优化

最后我们看一个较为综合的变分优化问题.

**问题描述** 甲乙双方签订合同，甲方在规定时间内向乙方提供定额商品. 为完成合同，甲方将安排生产这批商品，在规定时间内提交. 不能提前或滞后，并且要使总费用最低. 总费用包括以下几方面. (1)原材料成本. 这是一个固定数，但原材料等待生产期间将消耗储存费用. (2)生产费用. 这个费用包括两方面，一是生产基本费用，即只要这批产品上马生产就一定消耗的一个固定值，二是生产速度费用，这是生产率的函数并和生产率成正比，即生产越快，费用越高. (3)储存费用. 产品生产完成后在交付前的储存费用，这和成品量成正比. (4)碳排费用. 因为企业已用完了碳排放许可，生产这批产品还要消耗减排费用，其大小和产品数量的平方成正比.

**思路分析** 这个问题的优化目标是总费用最低，控制是安排生产. 可以看出，第一部分产品成本是固定的，不影响优化，我们还可以假定，甲方可以随时购买原材料，为避免原材料的储存费用，优化生产的安排后，甲方只在需要时购买原材料，这样第一部分费用不影响优化结果. 对第二部分费用，生产安排得越均匀越好. 而对第三部分费用，生产安排得越靠近付货日越好. 第四部分的费用会影响优化结果. 所以我们要通过数学模型，给出一个最优安排.

我们假设以下情况.

(1) 合同生效时间为 $t=0$，产品交付日为 $t=T$，合同规定的产品量为 $Q$，$x(t)$ 为时间 $t$ 时的成品数，则该时的生产率为 $u=x'(t)$，显然

$$x(0)=0, \quad x(T)=Q.$$

(2) 根据题意，假定原材料随买随用，原材料储存费用为 0，原材料成本费用和生产基本费用为常数，合并记为 $c$；生产费用为 $f(u)$，按题设，$f'(u)$ 与 $u$ 成正比，即对某正常数 $\alpha$，有

$$f'(u)=\alpha u, f(0)=0,$$

所以时间 $t$ 时的费用 $F(t)$ 为

$$F(t)=f(x(t))=\frac{\alpha}{2}(x'(t))^2.$$

另外还有成品储存费用 $G(t)$，它与成品量成正比，比例系数为 $\gamma$，即

$$G(t)=\gamma x(t),$$

以及碳排费用 $K(t)$，它与减排量的平方成正比，从而与产品量成正比，比例系数为 $\beta/2$，即

$$K(t)=\frac{\beta}{2}x^2(t).$$

**模型建立** 我们要求总费用可表示为

$$Z=\int_0^T (F(t)+G(t)+K(t))\,\mathrm{d}t+c$$

$$=\int_0^T \left[\frac{\alpha}{2}(x'(t))^2+\frac{\beta}{2}(x(t))^2+\gamma x(t)\right]\mathrm{d}t+c.$$

我们的目标是找到适当的函数 $x(t)$，使得泛函 $Z$ 最小.

**模型求解** 泛函 $Z$ 的欧拉方程为

$$\gamma+\beta x-\alpha\frac{\mathrm{d}^2 x}{\mathrm{d}t^2}=0,$$

加上假设(1)中的边界条件，我们可以得到这个方程的解

$$x(t) = C_1 e^{\sqrt{\beta/\alpha}\,t} + C_2 e^{-\sqrt{\beta/\alpha}\,t} - \frac{\gamma}{\beta},$$

这里，有

$$C_1 = \frac{\gamma(1 - e^{-\sqrt{\beta/\alpha}\,t}) + \beta Q}{\beta(e^{\sqrt{\beta/\alpha}\,t} + e^{-\sqrt{\beta/\alpha}\,t})}, \quad C_2 = \frac{\gamma(e^{\sqrt{\beta/\alpha}\,t} - 1) - \beta Q}{\beta(e^{\sqrt{\beta/\alpha}\,t} + e^{-\sqrt{\beta/\alpha}\,t})}.$$

这是一个凹函数，意即，开始时安排生产速度缓些，随着临近到期日，生产速度不断加快. 给个具体例子，当 $\alpha = 1$，$\beta = 1$，$\gamma = 1$，$T = \ln 2$，$Q = 4$ 时，解为

$$x(t) = 3e^t - 2e^{-t} - 1,$$

其图像如图 4.17 所示.

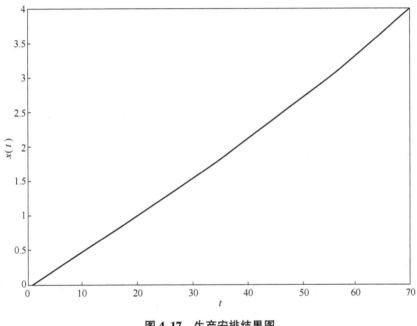

图 4.17　生产安排结果图

这就是在时间 $0 \sim T$ 内，当安排生产任务为 $x(t)$ 时，总花费为最省.

# 4.6　一些优化计算方法介绍

## 4.6.1　遗传算法

遗传算法(Genetic Algorithm)是模拟生物学上达尔文进化论的自然选择、遗传和变异现象的算法模型，它可以通过模拟自然进化过程来搜索一个优化问题的最优解. 遗传算法仿照基因编码的工作把优化问题的决策变量进行编码，如二进制编码，所有变量的编码合成染色体. 遗传算法从代表问题可能的解集的一个种群开始，这里一个种群是由经过基因编码的一定数目的个体即染色体组成. 染色体内部表现，即基因型，是某种基因组合，它

决定了个体的形状的外部表现，在优化问题中即最优性. 从初代种群开始，通过遗传或者变异，也就是各种算法操作，产生以后的各代种群：各代种群按照适者生存和优胜劣汰的原理，以最优性来比较，逐代演化出越来越好的近似解. 这个过程将导致种群像自然进化一样而产生的后生代种群比前代更加适应于环境，末代种群中的最优个体经过解码，可以作为原问题的近似最优解.

以 TSP 问题为例，我们可以进行如下的编码. TSP 问题的每个可能的解是 $1 \sim N$ 的一个排列，因此一个编码就是这样的一个排列，而一代中的种群就是若干个不同排列的集合.

一个排列的适应度可以很容易地定义为该排列对应的总行程的倒数，这样总行程越小的排列，其适应度越高.

那么，不同编码组如何进行遗传和变异呢？比如，父代有两个个体，如下所示($N=7$).

$$P1 \quad (1,4,\underline{2,5,6},3,7),$$

$$P2 \quad (3,4,\underline{1,5,7},2,6).$$

假定我们简单地以中间 3 个基因(横线画出)交换，则会得到 $(1,4,1,5,7,2,6)$ 这样非法的个体，它实际上不是 $1 \sim 7$ 的一个排列. 有许多方式可以用来变换得到合法的表示，比如固定 P2 中画出的 1,5,7 不动，把其余基因 2,3,4,6 按序从后排出，可以得到 4,6,1,5, 7,2,3，或者按照 P1 中余下的基因的顺序，可以得到 2,4,1,5,7,3,6，这里未画出线的 4 个基因的数字大小关系和 P1 中对应位置的 4 个基因是一样的.

变异的方式较为简单，例如，按照概率选取其中的一个基因，随机插入其他位置，或者随机与另一个基因互换. 例如，考虑 P1，我们可以得到 $(1,3,4,2,5,6,7)$，或者 $(1,7,2,5,6,3,4)$.

### 4.6.2 模拟退火算法

模拟退火算法(Simulated Annealing)是基于 Monte-Carlo 迭代求解策略的一种随机寻优算法，其模拟物理中晶体物质的退火过程与一般组合优化问题之间的相似性，来搜索组合优化问题的全局解. 模拟退火算法从某一较高初温出发，伴随温度参数的不断降低，结合概率突跳特性在解空间中随机寻找目标函数的全局最优解，它可以在局部最优解时按照一定概率跳出，并最终趋于全局最优. 模拟退火算法是一种通用的优化算法，理论上算法具有概率的全局优化性能，目前已在工程中得到了广泛应用，诸如 VLSI、生产调度、控制工程、机器学习、神经网络、信号处理等领域.

模拟退火算法的基本框架如下.

(1) 初始化：给定充分大的初始温度 $T$，初始解状态 $S$(算法迭代的起点)，每个 $T$ 值的迭代次数 $L$，温度降低比例 $\rho$.

(2) 对 $k=1,2,\cdots,L$ 执行第(3) ~ 第(6)步操作.

(3) 产生新解 $S'$.

(4) 计算增量 $\Delta t' = C(S') - C(S)$，其中 $C(S)$ 为评价函数.

(5) 若 $\Delta t' < 0$，则接受 $S'$ 作为新的当前解，否则以概率 $\exp(-\Delta t'/T)$ 接受 $S'$ 作为新的当前解.

(6) 如果满足终止条件，则输出当前解作为最优解，结束程序. 终止条件通常取为连续若干个新解都没有被接受时终止算法.

（7） $T$ 逐渐减少，$T \leftarrow \rho T$，然后转第（2）步.

### 4.6.3　启示性算法

启示性方法是一种可以用来加速搜寻过程但并不保证能达到最优解的方法，但一般比较简单，可以找到一些较优的解.

例如，针对 TSP 问题，我们可以有如下启示性方法. 考虑前面的路径 P1：（1，4，2，5，6，3，7），选中 2 组相邻的顶点，可以有 P1：（1，4，2，5，6，3，7），如图 4.18 所示.

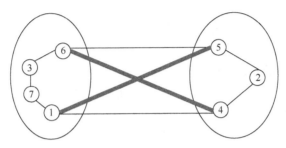

**图 4.18　启示性算法示意图**

我们可以考虑把原来的 5-6 和 1-4 的两条边替换为 1-5 和 4-6，如果新形成的路线更短. 这种替换方式可以一直不停地进行：随机选取 2 组相邻的顶点，进行同样的尝试，直至任意替换找不到更优的路线. 当然这不能保证得到最优解，但一般都会得到一个不错的答案.

数学上也很简单，考虑右边的单个顶点 4，2，5，这样的替换相当于这 3 个顶点在原来路线中反序，所以新的路线是（1，5，2，4，6，3，7）. 这种启发性搜寻的方式也可以在 3 组顶点中进行，当然也可以考虑其他的改进方法.

### 4.6.4　蚁群算法

蚁群算法模拟蚂蚁觅食的过程，是一种用来在图中寻找最优路径的概率型算法. 蚂蚁采用的方法是全体在蚁巢的周围区域进行地毯式搜索，它们之间通过分泌化学物质在爬过的路径上而取得联系，这种化学物质叫作信息素（Pheromone）. 刚开始离开蚁巢的时候，蚂蚁可能有几条路径可选择. 这些路径被选择的机会相当，蚂蚁在爬过这些路径时都留下了信息素. 但是较短的路径所需要的时间就少，而信息素会挥发，所以蚂蚁留在较短路径上的信息素浓度就高. 于是，后来的蚂蚁就有较多的机会选择短的路径作为它的最佳路径，即使它们已经找到食物，也将选择这些较短路径返回蚁巢. 而从蚁巢里出发的蚂蚁们也越来越倾向于较短路径，在这样的趋势下，较长的路径上的蚂蚁越来越少，最后所有蚂蚁都会堆集在最短的路径上.

实现蚁群算法一般需要设置迭代次数、蚂蚁个数、信息素挥发速度，以及算法所需的其他一些参数.

### 4.6.5　演示

一个售货商在几个城市中旅行并兜售他的商品，他想要到每个城市去一次，并最终回到自己居住的城市. 已经给定这些城市两两之间的距离, 问这个售货商如何规划自己的旅行计划可以使得总行程最短.

旅行售货商问题简称为 TSP 问题 (the Travelling Salesman Problem), 是一个很典型的 NP 完全问题, 于 20 世纪 30 年代提出并被许多科学家和工程师关注. 该问题有各种不同类型的算法, 并同时具有不同的测试数据, 用来评估对应的或潜在的算法的不足之处.

一个 TSP 问题在数学上可以如下形式提出: 给定 $N$ 个城市的坐标 $(x_i, y_i)$, $i = 1, 2, \cdots, N$, 寻找旅行售货商的一个旅行计划即需要找到 $1 \sim N$ 的一个排列 $\pi_1, \pi_2, \cdots, \pi_N$, 使得旅行售货商的总行程最短

$$\min \sum_{i=1}^{N} d((x_{\pi_i}, y_{\pi_i}), (x_{\pi_{i+1}}, y_{\pi_{i+1}})).$$

其中, $N+1$ 的下标等同于 1.

如果想要得到该问题的精确解, 一般地, 我们需要穷举所有的排列, 该数量达到 $N!$, 即便考虑到出发的城市可以任意固定一个, 那也有 $(N-1)!$.

我们分别采用遗传算法、模拟退火算法、启示性算法和蚁群算法来求解 TSP 问题. 假设该售货商想去 37 个城市, 这 37 个城市的相对位置如图 4.19 中 "○" 所示, 要到 37 个城市并且路程最短, 我们分别可以得到上述 4 个算法的近似解, 如图 4.19 所示.

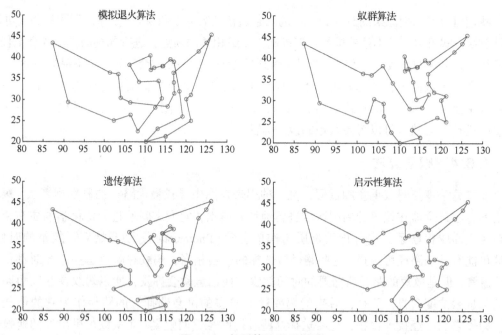

**图 4.19　蚁群算法近似解图**

# 4.7　习题

1. 如果黛朵沿海岸圈地, 圈地形状只能是矩形, 用微积分方法找出所圈地面积最大时的形状和面积.

2. 在减排费用函数为 $C=\beta y^2+\eta y+\delta$ 时，考虑碳排控制优化生产.

3. 考虑碳排量具有一定得随机性的情况下进行碳排控制优化生产.

4. 考虑在可以通过市场购买一定的碳排权的条件下进行碳排控制优化生产.

5. 对建罗马问题我们进行如下推广：如果建罗马的工作分为两种，一种主要耗人工，另一种主要耗资金，建成罗马的过程中，这两种工作方式安排有一定的比例. 在人工和资金有限制的情况下，如何分配人工和资金使得工作最有效？

6. 某企业每天生产 A、B、C 3 种产品，它们的成品价格分别是每件 100 元、300 元和 500 元；成本分别是 20 元、50 元和 80 元；机器时间分别是 2h、5h 和 3h；人工占用时间分别是 4h、1h 和 2h；生产过程产生的碳排分别是 0.3、0.2 和 0.4 单位. 如果机器时间限制是 200h，人工时间限制是 300h，碳排限制是 100 单位，请安排生产计划使得企业收益最大. 进一步考虑有如下附加条件的模型.

(1) 资金限制：成本资金必须小于 100.

(2) 配套限制：一个产品 A 必须和两个产品 B 一起卖，而产品 B 和产品 C 可以单卖.

(3) 分期限制：成本资金分为两部分，50% 限制投在 C 上.

(4) 贷款限制：成本资金需要贷款，贷款利息为 10%.

(5) 混合上面的限制.

7. 某工厂要用 4 种合金 T1、T2、T3 和 T4 为原料，经熔炼形式一种新的不锈钢 G. 这 4 种原料含元素铬(Cr)、锰(Mn)和镍(Ni)的含量(%)，这 4 种原料的单价以及新的不锈钢材料 G 所要求的 Cr、Mn 和 Ni 的最低含量(%)如表 4.8 所示.

表 4.8　原料信息表

|  | T1 | T2 | T3 | T4 | G |
| --- | --- | --- | --- | --- | --- |
| Cr | 3.2 | 4.5 | 2.2 | 1.8 | 3.2 |
| Mn | 2.0 | 1.1 | 3.6 | 4.3 | 2.1 |
| Ni | 5.8 | 3.1 | 4.3 | 2.7 | 4.3 |
| 单价(元/kg) | 115 | 97 | 82 | 76 |  |

设熔炼时重量没有损耗，要熔炼成 100kg 不锈钢 G，应选用原料 T1、T2、T3 和 T4 各多少千克，可使成本最小？

8. 某一市级医院每天各时间区段内需求的值班护士数如表 4.9 所示.

表 4.9　护士需求表

| 时间区段 | 6：00~10：00 | 10：00~14：00 | 14：00~18：00 | 18：00~22：00 | 22：00~6：00(次日) |
| --- | --- | --- | --- | --- | --- |
| 需求数 | 18 | 20 | 19 | 17 | 12 |

该院护士上班分 5 个班次，每班 8h，具体上班时间为第一班 2：00~10：00，第二班 6：00~14：00，第三班 10：00~18：00，第四班 14：00~22：00，第五班 18：00~2：00 (次日). 每名护士每周上 5 个班，并被安排在不同日子. 有一名总护士长负责护士的值班安排. 值班方案要做到在人员或经济上比较节省，又要做到尽可能合情合理. 下面是一些正在考虑中的值班方案.

方案一　每名护士连续上班 5 天，休息 2 天，并从上班第一天起按从上第一班到第五班的顺序安排. 例如，一名护士从周一开始上班，则她于周一上第一班，周二上第二班，……，周五上第五班；另一名护士从周三开始上班，则她于周三上第一班，周四上第二班，……，周日上第五班……

方案二　考虑到按上述方案中每名护士在周末(周六，周日)两天内休息安排不均匀，于是规定每名护士在周六、周日两天内安排一天，且只安排一天休息，再在周一至周五期间安排 4 个班，同样上班的 5 天内顺序安排 5 个不同班次.

在对前两方案怎样建立模型求解后，发现方案二虽然在安排周末休息上比较合理，但所需值班人数比方案一有较多增加，经济上不太合算，于是又提出了方案三.

方案三　在方案二的基础上，动员一部分护士放弃周末休息，即每周在周一至周五期间由总护士长给安排 3 天值班，加周六、周日共 5 个班，同样 5 个班分别安排不同班次. 作为奖励，规定放弃周末休息的护士，其工资和奖金总额比其他护士增加 $a\%$. 根据上述方案，帮助该医院的总护士长分析研究：

（1）对于方案一、方案二怎样建立使值班护士人数为最少的数学模型并求解；

（2）对于方案三，怎样建立使值班护士人数为最少的数学模型并求解，然后回答 $a$ 的值为多大时，方案三较方案二更经济.

9. Alabama Atlantic 是一个木材公司，它有 3 个木材产地和 5 个销售市场. 产地 1、产地 2、产地 3 每年的产量分别为 15 万个单位、20 万个单位、15 万个单位. 5 个市场每年能卖出的木材量分别为 11 万个单位、12 万个单位、9 万个单位、10 万个单位、8 万个单位.

在过去，这个公司是用火车来运送木材的. 后来随着火车运费的增加，公司正在考虑用船来运输木材. 采用这种方式需要公司在使用船只上进行一些投资. 除了投资成本以外，在不同线路上用火车运输和用船运输每百万单位的费用如表 4.10 所示.

表 4.10　运输费用情况

| 产地 | 用火车运输每百万木材费用($10^3$ 美元) | | | | | 用船只运输每百万木材费用($10^3$ 美元) | | | | |
|---|---|---|---|---|---|---|---|---|---|---|
| | 市场 1 | 市场 2 | 市场 3 | 市场 4 | 市场 5 | 市场 1 | 市场 2 | 市场 3 | 市场 4 | 市场 5 |
| 1 | 61 | 72 | 45 | 55 | 66 | 31 | 38 | 24 | — | 35 |
| 2 | 69 | 78 | 60 | 49 | 56 | 36 | 43 | 28 | 24 | 31 |
| 3 | 59 | 66 | 63 | 61 | 47 | — | 33 | 36 | 32 | 26 |

注：其中"—"表示不能用船只运输的路线.

如果用船只运输的话，每年在每条线路上对船只的投资费用如表 4.11 所示.

表 4.11　新船运路线投资费用情况

| 产地 | 对船只的投资($10^3$ 美元) | | | | |
|---|---|---|---|---|---|
| | 市场 1 | 市场 2 | 市场 3 | 市场 4 | 市场 5 |
| 1 | 27.5 | 30.3 | 23.8 | — | 28.5 |
| 2 | 29.3 | 31.8 | 27 | 25 | 26.5 |
| 3 | | 28.3 | 27.5 | 26.8 | 24 |

注：其中"—"表示不能用船只运输的路线.

假设你是运输团队的经理, 现在由你来决定运输计划, 有下列 3 个选项.

选项 1: 继续仅用火车运输.

选项 2: 仅用船只运输.

选项 3: 或者用船只运输或者用火车运输, 由哪个运费少来决定.

10. 现有 14 件工件等待在一台机床上加工. 某些工件的加工必须安排在另一些工件完工以后才能开始. 第 $j$ 号工件的加工时间 $t_j$(单位略)及先期必须完工的工件号 $I$ 由如表 4.12 所示.

表 4.12　第 $j$ 件工件的加工时间及前期工号

| 工件序号 $j$ | 1 | 2 | 3 | 4 | 5 | 6 | 7 |
|---|---|---|---|---|---|---|---|
| 加工时间 $t_j$ | 20 | 28 | 25 | 16 | 42 | 12 | 32 |
| 前期工件号 | 3, 4 | 5, 7, 8 | 5, 9 | — | 10, 11 | 3, 8, 9 | 4 |
| 工件序号 $j$ | 8 | 9 | 10 | 11 | 12 | 13 | 14 |
| 加工时间 $t_j$ | 10 | 24 | 20 | 40 | 24 | 36 | 16 |
| 前期工件号 | 3, 5, 7 | 4 | — | 4, 7 | 6, 7, 14 | 5, 12 | 1, 2, 6 |

(1) 如果给出一个加工顺序, 则确定了每个工件的完工时间(包括等待与加工两个阶段). 试设计一个满足条件的加工顺序, 使各个工件的完工时间之和达到最小.

(2) 假设第 $j$ 号工件紧接着第 $i$ 号工件完工后开工, 机床需要花费的准备时间 $t_{ij}$ 满足:

$$t_{ij} = \begin{cases} i+j, & i<j, \\ 2(i-j), & i>j. \end{cases}$$

试设计一个满足条件的加工顺序, 使机床花费的总时间最小.

(3) 假定工件的完工时间(包括等待与加工两个阶段)超过一确定时限 $u$, 则需要付一定的补偿费用, 其数值等于超过时间与费率 $W_j$ 和乘积(各工件的补偿费率 $W_j$ 如表 4.13 所示).

表 4.13　各工件的补偿费率

| $j$ | 1 | 2 | 3 | 4 | 5 | 6 | 7 | 8 | 9 | 10 | 11 | 12 | 13 | 14 |
|---|---|---|---|---|---|---|---|---|---|---|---|---|---|---|
| $W_j$ | 12 | 10 | 15 | 16 | 10 | 11 | 10 | 8 | 8 | 4 | 10 | 10 | 8 | 12 |

试在 $u=100$ 及各 $t_{ij}$ 的情况下安排一个加工顺序, 使花费的总补偿费用最小.

(4) 假定现在需要把最优完工时间提前 2 个单位, 而每个工件缩短 1 个单位的加工时间费用如表 4.14 所示.

表 4.14　各工件缩短 1 个单位时间的费用

| $j$ | 1 | 2 | 3 | 4 | 5 | 6 | 7 | 8 | 9 | 10 | 11 | 12 | 13 | 14 |
|---|---|---|---|---|---|---|---|---|---|---|---|---|---|---|
| $W_j$ | 2 | 3 | 4 | 5 | 1 | 3 | 4 | 1 | 4 | 1 | 3 | 2 | 5 | 1 |

问应该最少投入多少单位费用?

11. 用变分法证明等周长最大面积为圆(提示: 用极坐标).

12. 在磨刀问题中, 如果允许在砍柴期间多次磨刀, 那么建模有什么改变? 结论能不能改进? 如果砍柴速度函数是其他下降函数, 结果将如何变化? 如果砍柴磨刀有限制, 只能在某个时间段里磨刀，模型有什么变化？

13. 在罗马道路问题中，如果去罗马路上遇上连山，怎么走最近？如果路上遇上海峡，海岸线不规则，洋流速度不均怎么办？

14. 用经典的欧拉方程和哈密尔顿算子讨论去罗马最短路程问题.

15. 在生产优化问题中，如果原材料一开始就买齐了，直到使用，一直要付储存费，考虑原材料储存贵于和便宜于产品储存费用两种情况下的生产优化问题.

# 第5章　竞赛攻略

本章介绍数学建模竞赛的相关知识和攻略.

## 5.1　各种数学建模竞赛简介

数学建模竞赛起源于美国，近几年来在中国各高校甚至是一些著名的中学很受欢迎，中国学生积极地参加数学建模竞赛以及各种相关的应用数学竞赛，参加的学生数量和参与的学校数量都与日俱增，连创记录.

数学建模竞赛一般持续 3~4 天，一个参赛队由 3~4 名队员组成，完成一个特定的问题，以数学建模论文的方式提交. 在论文完成过程中，小组成员之间可以相互讨论，借助计算机、网络、图书馆等资源完成自己的模型和论文，但不得与其他小组成员、指导教师或者其他人在任何场合下（包括网络上）进行讨论. 数学建模论文（简称"数模论文"），或者其中包含的问题解决方法并没有对错之分，通常评价一篇数模论文或者一个解决方案优劣的重点在于该论文或者方案的创新性、合理性以及描述的清晰程度.

### 5.1.1　美国数学建模竞赛

美国数学建模竞赛是世界上最早出现的数学建模竞赛之一. 该竞赛由美国数学及其应用协会（Consortium for Mathematics and its Applications，COMAP）主办. 该竞赛起始于 1985年，每年举行一次，称为数学建模竞赛（Mathematical Contest in Modeling，MCM）. 竞赛一般是 2 月的某个周五晚上 8 时（美国东部时间）开始，比赛持续 4 天. 该赛事受到了美国 SI-AM 等一些知名学会的赞助. 1999 年，该协会组织了交叉学科建模竞赛（Interdisciplinary Contest in Modeling，ICM）. 美国数学建模竞赛采用导师制，一名导师可以带领一个或者几个小组参加竞赛，因此参赛学生应该和该导师所属同一院校. 美国数模竞赛采用全英文方式运作，参赛队需要针对赛题用英文完成一篇论文. 赛题题量最初为 2 题，1999 年引入 ICM 后为 3 题，2017 年扩展为 6 题. 历届赛题涵盖经济、管理、环境、资源、生态、医学、安全、未来科技等众多领域. 参赛队也从开始的几百个队扩展到 2011 年的 2 775 队，直至 2017 年的 17 423 队. 参赛学校包括国际、国内各知名高校. 竞赛要求参赛选手具有研究问题、提出解决方案的能力，论文写作能力和团队合作精神. 选手提交的论文最终会评委评定为各种不同的等级，通常从高到低排列如下.

- Outstanding Winner（优胜奖，占总队数的 0.5%）.
- Finalist（入围奖，占总队数的 1%）.
- Meritorious Winner（纪念奖，占总队数的 10%~15%）.
- Honorable Mention（荣誉奖，占总队数的 25%）.
- Successful Participant（成功参赛，占总队数的 40%）.

### 5.1.2　全国大学生数学建模竞赛

1992 年，中国开始举办第一届数学建模竞赛，目前被称为"全国大学生数学建模竞赛"（China Undergraduate Mathematical Contest in Modeling，CUMCM）. 该赛事在中国工业应用数学学会指导下组织进行，并得到教育部的认可和支持. 这项竞赛已发展成为国内最大的学生科技创新活动，每年约有 3 万支队伍参与数学建模竞赛. 该赛事一般于每年 9 月的第一个或第二个星期五上午开始，比赛持续 3 天，采用法人制，一般由每个学校的教务处组织，并把各校信息或者论文汇总到赛区，参赛小组的 3 名同学必须来自同一学校. 比赛分本科组和专科组，各有两个比赛赛题，专科组的参赛队可以选择本科组的赛题进行比赛. 竞赛评奖采用一次比赛两级评奖的方式，每个赛区首先评出一到三等奖，其中部分一等奖论文可参与全国评奖，最终评出全国一等奖和二等奖.

为了更好地推动和帮助同学们参加全国数学建模竞赛，提高应用数学的能力，各高校一般都开设了数学建模或者数学实验等课程，并在校内开展数学建模竞赛. 校内数学建模竞赛一般于每年的 4 月或者 5 月举行，各所高校时间略有不同，赛题和竞赛组织方式也有较大差异. 有些高校还组织了数学建模邀请赛、网络赛等不同形式的比赛. 国内数学建模资源较为丰富的网站是中国数学建模网和数学中国（数学建模）. 同济大学校内数学建模竞赛一般于每年 4 月底举行，包括本科生组和研究生组，赛题发布在同济大学数学建模网站上.

### 5.1.3　全国研究生数学建模竞赛

全国研究生数学建模竞赛（National Post-Graduate Mathematical Contest in Modeling，NPMCM）是教育部学位与研究生教育发展中心主办的"全国研究生创新实践系列活动"主题赛事之一. 该赛事起源于 2003 年东南大学发起并成功主办的"南京及周边地区高校研究生数学建模竞赛"，2013 年被纳入"全国研究生创新实践系列活动". 2015 年，全国 389 家培养单位共派出 6 355 支队伍，共 19 065 名研究生成功参赛.

### 5.1.4　其他赛事

国际中学生数学建模竞赛也由 COMAP 组织，竞赛时间一般为每年的 11 月，组织方式和评奖方式都和大学生的 MCM 赛事类似. 近几年，各种国际、国内中学生数学建模竞赛异常火热，比较知名的竞赛有"登峰杯"数学建模竞赛、AOCMM 以及 IMMC 等赛事.

## 5.2　如何参加数学建模竞赛

近年来，数学建模竞赛越来越流行，各种类型的数学建模竞赛纷纷出现. 作为一个施展才能的平台，学子们都想在其上一展才华. 那么怎样才能更有效地发挥自己的才华，在竞赛中夺得好名次呢？请参考以下介绍.

## 5.2.1 竞赛特点

首先我们看看这种竞赛的特点，然后在了解特点的基础上应战.

（1）科学性. 首先这是一场科学竞赛，决定了比赛建立在现今的科学体系上，论文的结论必须可靠、严肃、正确. 其中特别重要的是数学，所以这是一个相当"硬"的比赛.

（2）开放性. 竞赛的题目是开放的，这意味着没有标准答案. 竞赛结果以论文的形式提交.

（3）综合性. 竞赛不是单项赛，它要求选手或者参赛队具备广泛的其他科学和数学知识，还要求他们具有强健的应用数学、信息检索、计算机编程与应用、论文写作甚至英文写作等各方面的能力.

（4）团队性. 竞赛要求论文以团队的名义提交，不考单兵能力，所以团队合作在竞赛中尤为重要.

（5）时限性. 和别的竞赛一样，此竞赛有时间限制.

## 5.2.2 模型评价

对数学模型进行评价分两个层次：第一个层次，模型是否可接受？第二个层次，模型好不好？

一个可以接受的模型必须具备如下全部因素.
- 模型假设基本合理.
- 模型推导有理有据.
- 数学的推导计算完全正确.
- 结果可以解释并且不违背常理.
- 在一定范围里，所得规律基本符合历史数据.

那么，一个好的模型首先是可以接受的模型，并且至少应该具有下列特点之一.
- 模型构思巧妙，不落俗套.
- 模型的结果和规律很好地吻合实际情况，即实证检验坚实.
- 方法简单，易于推广.
- 模型强健稳定，即数据的微小变化不会影响结果.
- 模型有很好的延展性，可以用于其他对象.

所以两个好的模型可能各有所长，很难横向比较，这也解释了为什么数学建模竞赛没有标准答案. 有的实际问题可能会允许有多种不同的模型选择. 最合适的选择有赖于实际问题的要求、范围以及建模者的水平和其他应用条件的限制. 只有在有限的条件下，做出较优选择的模型，才能使得写出的论文能够获奖. 参赛的同学当然希望拿奖. 了解了什么是好模型，那么想拿奖的同学如何进行比赛，建立有得奖潜力的好模型，写出具有得奖潜力的参赛论文呢？下面是一些建议.

## 5.2.3 参赛攻略

**1. 组队**

数学建模竞赛一般都是组队参赛，所以在竞赛中特别需要团队合作精神，这也是数学建模竞赛的特点之一. 那么，我们在竞赛过程中如何与别人合作，才能使成果最大化？组队的一般原则是"目标一致，精诚合作，知识互补，能力互补".

这是一个优秀团队的必备素质. 由于在竞赛前就必须成立赛队，所以组队时必须参考这个原则. 其中知识和能力的互补是指竞赛涉及的知识范围很广，很难有人同时具备、同时精通，所以要发挥同队成员的互补力量，不能仅仅靠"哥们义气"来组队，而要考虑所组的团队通过知识和能力的互补达到竞赛要求. 例如，三人团队中，有人长于建模，有人长于计算和数据处理，有人长于搜索和写作，而队长则要具备良好的沟通能力和一定的威信.

### 2. 准备

有的同学觉得数学建模比赛范围太广，无从准备，这个想法其实不对. 当然，数学建模竞赛不是死记硬背的比赛，不能以应考的方式准备，但有所准备将使自己少走弯路，节省时间，能够很快进入竞赛状态. 赛前准备主要包括几个方面.

（1）理解规则. 很多同学自以为是，漠视规则，结果因为一些小的犯规使自己辛苦写出的参赛论文不能进入评审阶段. 事实是，这些重大赛事中每年都有一些参赛队因为违反规则而被淘汰.

（2）熟悉队友，确定分工. 如前所说，要组织理想的队伍不是基于哥们义气，而是基于知识和能力互补. 这样，很多队伍组队后，互相之间并不能达到融合默契的程度. 要弥补这个缺陷，应在赛前尽量安排一些活动，模拟竞赛时的真实场景，让队员之间互相了解，有问题尽量在赛前解决. 使队伍尽快成熟，凝聚战斗力，以最好的状态参赛. 另外，要按组员的长处确定分工. 首先要做的是确定队长，这里队长主要作用是负责报名参赛等事项，组织和召集组员活动，确定和协调队员的分工，以及在队员意见不和时，在充分讨论的基础上做最后决定. 其他队员应认同队长的权力.

（3）学习参考优秀竞赛论文. 团队成员一起选择一两篇该赛系的获奖论文，进行学习讨论. 大家可以先自己做一篇同命题的论文，然后在指导教师的帮助下对照分析，看看自己的论文有什么可以改进的地方，有什么比较要紧的知识盲点需要扫盲.

### 3. 选题

数学建模比赛一般都有多个题目可供选择. 题选对了，几乎就成功了一半，确定赛题就成了一件非常重要的事情. 由于竞赛有时间限制，所以选题时间不要超过一天. 那么如何又快又准地选定适合自己小组的赛题呢？我们可以采用下面几个步骤.

（1）先和小组成员一起通读所有赛题，确定正确理解赛题的含义和赛题要求解决的问题.

（2）讨论每个赛题的解决方案，剔除那些存在知识盲区或者对解决方案完全没有想法的赛题.

（3）对进入遴选范围的赛题进行进一步研讨，研讨的问题可以是能搜到的参考文献有多少？解决方案是否新颖？最主要的困难是什么？分析利弊，如果还不能确定，可以通过用层次分析法对候选赛题进行打分来确定. 打分因子依次可选择新颖的想法（最重要），困难程度（次重要），知识熟悉程度（次重要），冷门程度，工作量等. 其中，冷门程度指对于太热门的选题，如果不是想法很独特，则是很难脱颖而出的.

**4. 投赛**

一旦选定题目，尽快投入比赛. 这时，小组成员应尽快进入自己的角色，做自己的工作，然后将自己的工作融入小组工作中. 比赛的时间分配建议为选题占 1/4，作业占 1/2，结尾占 1/4，其中讨论时间按需分配.

由于参赛时间限制，很多同学废寝忘食，焚膏继晷. 建议不要过多熬夜，尤其是前期. 充足的睡眠有助于保持头脑清醒、思维敏捷，尤其不能忘了规则.

这里有几个误区要避免.

（1）时间过半换题. 选题时没有充分考虑，做了一半做不下去，时间已过了一半，然后草率换题，结果导致时间不够，新题也做不好.

避免方法如下.

选题时要慎重，一旦决定，不要轻易换题，要换题也尽早换，赛时超过三分之一，一般就不要换题了. 如果按照原来的思路进行遇到困难，则应先设法克服困难，若无法克服，就转换思路，换方法换模型也不换题.

（2）脱离小组方向，自搞一套. 如果有新的想法，应充分和小组成员沟通，不要自说自话. 我们看到有些参赛论文是将几个模型拼在一起，模型之间又没有很强的联系，这就是不能很好地合作的反例，这样的论文评级肯定不会好. 还有同学意气用事，为一点小事要脾气，导致全组竞赛失败.

避免方法如下.

有问题多沟通，队长有最后决定权，与竞赛无关的问题和矛盾等到竞赛结束后再作处理，即便其他同学有不当的言辞，不要忙着解释、反驳或撇清，把队员拉回赛事中，先完成论文，再解决分歧. 如果分歧有关竞赛方向，队长应组织队员讨论，让大家充分发表意见，分析利弊，然后通过投票、层次分析法或队长最终决定等方式尽快做出决定. 一旦决定形成，全体队员必须遵守，并尽快投入工作. 切不要因为决定和自己的意见不符而软抵抗，磨洋工. 因为那样最终损害的是全组的论文质量.

（3）用网上找来的类似问题的模型，改头换面，写到自己的论文中. 网上能查到的模型，别人也能查到，所以，这样的论文在评审者眼中没有任何新鲜感，甚至会产生反感. 更有参赛者大段抄袭网上的内容，又不写参考文献，把别人的东西变成了自己的东西，这就是学术不端了.

避免方法如下.

论文中一定要有自己的东西，并在论文中强调. 网上的资料只能帮助参赛者开拓思路，可以引用但不能直接抄在论文中.

（4）问题回答不全. 一般竞赛题都有两三问，有时参赛者在第一、二题上花了太多时间，交卷时无力回答全部问题，这就像考卷开了天窗，一般不能取得好成绩.

避免方法如下.

合理安排时间，尽量回答完所有问题.

（5）结果过散. 参赛者好高骛远，想法很多，又不想脚踏实地地做，结果好像有很多方向，但每一方向又都做得不深、不透，没有什么可信服的结果，这样的论文成绩自然好不了. 也有同学觉得对有些模型有所考虑，尽管没得到什么结果，丢弃好像可惜，便一股脑儿放到论文里. 其实这种浅显的内容可以放到模型推广中，如果放在正文里，反而起到负作用.

避免方法如下.

问题一个一个地解决，解决完了，解决好了，如果有时间再解决更深入的问题.

（6）忽略附件. 考题的附件往往是一些数据. 很多赛组处理数据的能力不够，很怕遇到数据，直接就忽略了附件中的数据，建立一些不用数据的模型. 这种做法相当于放弃一些有利条件，自然模型结果会有缺陷.

避免方法如下.

考虑是否有熟悉数据处理的成员，如果没有，在准备工作中恶补一下数据处理的基本知识. 在参赛模型中尽量利用附件数据.

（7）不给写作留充分的时间. 有时小组得出了很好的结果，却没有给写论文留下充足的时间，结果匆匆忙忙，草草收场，来不及检查及修改论文，使得提交的论文不是写得不清不楚，就是小错不断、形式不规范，这样论文质量将大打折扣.

避免方法如下.

在大致理清思路后，负责写作的同学就开始动手，将论文框架搭好，然后随时将做出的结果添加至论文中. 要注意的是，有时结果有改动，相应的文字却忘了改，这会让评审者感到困惑，所以一定要仔细检查.

### 5. 成文

假定参赛者可以熟练应用一般的如微软的 Word 编辑软件等进行论文编辑写作.

建模论文是科学论文，是通过写出的文章将自己的研究成果叙述、发表出来，所以对论文的基本要求就是依据可靠、推论严谨、陈述平实、结论肯定. 所有的假定是可接受的，所有的资料引用要有出处，所有的实验和计算结果可以重复，所有的推演要严密正确，因此在此基础上得到的结论应该是可靠的. 数学建模的论文也是这样要求的. 其本身还有如下一些特殊的结构.

（1）题目

一个好的题目能起到画龙点睛的作用. 题目不要过长，但应能让人一眼就明确主题. 参赛论文尽管主题确定，但参赛者仍可以选择一个更切题的题目. 题目一般设置成短语的方式，不要使用句子.

（2）摘要

摘要是全文的精华. 这部分是所有科学论文中都要求的. 记住摘要的三要素.

- 文章讨论的是什么问题.
- 文章使用的是什么方法.
- 文章得到了什么结果.

在摘要中，语言要简洁，直达主题，不要有任何赘述. 要强调文章最精彩的部分，或者是创新的立意，或者是巧妙的方法，或者是更好的结果. 另外，一般在摘要里不要出现公式、插图、表格等. 摘要一般要求能够独立成文，也就是要求你的读者不事先阅读赛题，不借助正文通过阅读摘要就能获取论文的绝大部分信息.

（3）关键词

关键词的作用是当你的论文进入搜索系统后，别人输入这些词能找到你的论文，你当然希望你的工作成果可以有更多的人了解，所以应该用那些你解决的问题和结果，而不是人们熟知的方法作为关键词，除非你对某方法有改进．例如，参赛论文是关于大气污染的，那么大气污染就是关键词．注意，这里很多同学容易犯的错误是把工具写进关键词，例如，有人用 MATLAB 作为关键词，事实上论文中没有对 MATLAB 方法有什么贡献，只是用它写了个程序．设想一下，对 MATLAB 方法感兴趣的读者搜到了你这篇关于大气污染的论文会有多扫兴？

（4）背景

背景是文章的开始部分，也是引进所要研究的建模对象的铺垫．作者在此描述所研究的建模问题，阐明研究这个问题的意义．尽管是竞赛，论题是给定的，也不能忽略陈述意义．有必要的话，简单说明相关的知识、介绍已有的工作，即目前这个问题的研究现状并对这些工作做出一定的评价．接着表述研究这个问题的困难之处，最后引出作者在该文中解决的问题、使用的方法和得到的结果．在这部分文章中，前面的铺垫要充分，但关于结果点到即可，让读者对文章的概况有了明晰的认识，明白文章研究什么问题，得到了什么结果即可．有时候还应该卖一点"关子"以激发读者继续读下去的欲望．

有些参赛者喜欢把赛题复制过来，我们不建议这样做．因为赛题是提问者说的话，论文是应答者说的话，这立场不同的话很难在一篇论文里调和．更何况评审者是熟知赛题的，所以复制赛题并没有什么意义．比较好的方法是将赛题的意思理解消化，用自己的话在背景里按科学论文中写背景的方法写出来．

（5）假设

由于数学建模处理的是"模型"，就要对原问题进行一定的抽象．也就是说，要把一个实际问题抽象成一个可以用数学表达的问题，所以要对原问题进行简化．这是因为，一方面，解决问题应遵循循序渐进的原则，要先从容易的问题着手，逐渐考虑更复杂的情形；另一方面，次要的因素并不是问题的主要矛盾，考虑太多的次要因素只会混淆我们思考的方向．这样，在建模前就需要对问题的枝枝权权进行必要的裁剪，留出问题的主干．而对这个修剪过的问题建的模型解出的结果自然就局限在这个修剪过的问题上，与原问题会有一些距离．至于这个距离大不大，则应在模型检验和模型推广中加以说明，希望可以被读者接受．当然，如果不小心剪去了主枝，就会使结果荒腔走板，出现严重偏差，这时在文章的模型检验部分就通不过．这也就是说，文章中所做的假定必须合理．在这一部分，作者必须说明文章中所讨论的模型对原问题做了什么假定，简化了哪些内容．文章中数学模型使用的数学符号所表示的实际意义也应在这一部分加以说明．

（6）建模

这部分要建立模型，这是文章的灵魂．如前所述，建模最困难的地方，是如何找到解决问题的方案．这也是你的评审者对你论文的兴趣点之一．所以在这部分，要对原问题进行透彻的讨论和分析，引出建模的思路，并在其中隐叙你使用目前方法的理由．特别强调，论文获奖很大程度上在于建模方面有独创新颖的思想．但这部分的篇幅应予适当，不宜过长，以免头重脚轻之嫌．

（7）解模

这是文章最具数学色彩的部分，应严格按照数学范畴的规律书写，即严格地推导，仔细地计算．关键的部分不能缺少，使读者按照你文中的指示，可以得到文中同样的结果．如果可以，结果最好能用图表表示．图表所传达的信息远比文字来得多，来得直接．图表也容易吸引评审者注意并对文章结果有直观的感受和深刻的印象.

(8) 检验

论文的模型在一定的假定下建立了，也求解了，但模型建得合不合理，得到的解可不可靠仍然需要说明. 模型检验的方法一般有直接验证、简单验证、参数校验和案例分析等(参见《数学建模讲义》). 对于建模竞赛论文，因为时间的原因，不会对模型进行深入检验，但如有可能，直接和简单的检验还是应该做一下，这会让论文增色不少. 参赛者还需要分析解的性质和对原问题的切合程度. 这样的结果分析包括所得解的适用范围、影响因子，及其敏感度、强健性和对参数的依赖程度等. 检验部分是对论文的重要支持，有了这一部分实事求是的工作，可使结果更为可靠.

(9) 推广

由于模型对原问题有了一定的简化，为更接近原问题，在这一部分可讨论论文中所用的方法在哪些方面可以进行推广，该模型还可以在哪些领域应用. 这些推广并不需要详细地推导，说明想法即可. 这样，考虑得周全会使论文的结果更丰满. 这部分的篇幅不应该过长，以避免尾大不掉之嫌.

(10) 结论

结论是对全文的总结，用结论性的语言对全文的结果做一概述. 这一部分和摘要的结构和功能有相似之处，都是对全文的概要. 不同的是，摘要是餐前开胃点，写给未读文章的人看. 结论是餐后甜点，写给读过文章的人看. 前者的侧重点偏于介绍，而后者的侧重点在于强调.

(11) 参考文献

参考文献中应该列出建模文章中涉及的所有引用的结果. 这些结果可以是已发表的文章、已出版的书、网络中正规的文章等. 这是对别人工作的尊重，也说明了你工作的基础. 参考文献一般有固定的格式，读者可以参考本书所列的参考文献的格式来书写自己的参考文献目录.

(12) 附录

可以将建模论文中收集的数据、所应用的程序放在附录里. 这些资料往往体积庞大，放在正文里会干扰主要思路，而放在附录里可以方便评审者验证你的结果.

### 6. 收尾

现在很多比赛都是在网上提交论文. 论文完成后，全组成员要复习一下规则，不怕麻烦地分别检查两三遍，看看有没有任何违规的地方，或任何忽略写漏的地方，尽量消灭错别字和语法错误、粗心笔误和排版不妥等问题. 越是这种时候，越是要耐心. 一般经过了几天没日没夜的鏖战，大家都很辛苦，有的同学恨不得马上提交，完成任务，特别是还有其他工作的队员，不要因为自己的工作完成了就跑掉. 这时应该留下来帮助负责写作的同学检查论文. 殊不知越是在最后的时刻，越是容易出错，提交的回车键一点，任何错误都不可挽回. 而最后的努力往往性价比最高. 队员间要互相鼓励，谨慎、仔细、耐心地做完最后的工作.

这一过程中，着重检查以下几点.

(1) 参赛号是否正确？参赛者信息有没有出现在正文里(包括图表程序)？

(2) 有没有写题目？

（3）有没有写摘要？

（4）有没有写参考文献？

## 5.3 数学建模竞赛题目分析及论文点评

为了帮助参赛同学，我们来点评一下 2016 年同济大学数学建模竞赛中一篇获得一等奖的论文．先看题目．

### 5.3.1 竞赛题目及分析

这里给出的竞赛题目如下．

#### 垃圾焚烧厂布袋式除尘系统运行稳定性分析

今天，以焚烧方法处理生活垃圾是一种常见的处理方案．然而，随着社会对垃圾焚烧技术了解的逐步深入，民众对垃圾焚烧排放污染问题的担忧与日俱增，甚至是最新版的污染排放国标都难以满足民众对二噁英等剧毒物质排放的控制要求（例如国标允许焚烧炉每年有 60h 的故障排放时间，而对于焚烧厂附近的居民来说这是难以接受的）．事实上，许多垃圾焚烧厂都存在"虽然排放达标，但却仍然扰民"的现象．国标控制排放量与民众环保诉求之间的落差，已成为阻碍新建垃圾焚烧厂选址落地的重要因素．而阻碍国标进一步提升的主要问题还是现行垃圾焚烧除尘工艺存在缺乏持续稳定性等重大缺陷．另外，在各地不得不建设大型焚烧厂集中处理垃圾的情况下，采用现行除尘工艺的大型焚烧厂即便其排放浓度不超标，却仍然存在排放总量限额超标的问题，也会给当地的环境带来重大的恶化影响．

总之，现行垃圾焚烧除尘工艺不能持续稳定运行的缺陷，是致使社会公众对垃圾焚烧产生危害疑虑的主要原因．因此，量化分析布袋除尘器运行稳定性问题，不仅能深入揭示现行垃圾焚烧烟气处理技术缺陷以期促进除尘技术进步，同时也能对优化焚烧工况控制及运行维护规程有所帮助．

附件 1 是某垃圾焚烧发电厂布袋式烟气处理系统的部分实际运行数据，从中可以看出，布袋除尘工艺环节对整个袋式烟气处理系统的运行稳定性有决定性影响．请收集资料，综合研究现行垃圾焚烧发电厂袋式除尘系统影响烟尘排放量的各项因素，构建数学模型分析袋式除尘系统运行稳定性问题，并分析其运行稳定性对周边环境烟尘排放总量的影响．基于你的模型请回答下述问题：

（1）如果给定焚烧厂周边范围单位面积排放总量限额（地区总量/地区面积），在考虑除尘系统稳定性因素的前提下，试分析讨论焚烧厂扩建规模的环境允许上限是多少？并基于你的分析结果，向政府提出环境保护综合监测建议方案；

（2）如果采用一种能够完全稳定运行、且除尘效果超过布袋除尘工艺的新型超净除尘替代工艺，你的除尘模型稳定性能提升多少？

#### 附件 1 某垃圾焚烧发电厂布袋除尘器可靠性情况介绍

袋式除尘器也称为过滤式除尘器，是一种干式高效除尘器，它是利用多孔纤维材料制成的滤袋(简称布袋)将含尘气流中的粉尘捕集下来的一种干式高效除尘装置,是目前国内外现行垃圾焚烧发电厂采用的主要烟气处理技术. 布袋除尘器具有除尘效率高、燃料适用性强、设备一次投资少和可在线维修等优点, 其除尘效率可达 99.9%. 然而, 布袋除尘器在实际使用过程中, 时而出现烧袋、糊袋、气室出口提升阀突然关闭、气室压力波动大和电气误动等现象, 这些现象有的会缩短布袋使用寿命, 造成除尘效率的急剧下降, 有的会对除尘器及锅炉的安全构成严重威胁.

虽然可靠性是布袋除尘器设计的注重要点, 但由于其核心部件除尘布袋存在寿命周期、且该周期长短又与焚烧工况及运维条件密切相关, 因此布袋除尘器在运行中无法实现长期恒定的除尘效果.

1. 布袋除尘器工作流程

袋式除尘器由于其具有除尘效率高, 尤其对微米及亚微米级粉尘颗粒具有较高的捕集效率, 且不受粉尘比电阻的影响; 运行稳定, 对气体流量及含尘浓度适应性强; 处理流量大, 性能可靠等优点, 用于捕集非粘结性、非纤维性的工业粉尘. 其作用原理是尘粒在绕过滤布纤维时因惯性力作用与纤维碰撞而被拦截, 细微的尘粒(粒径为 $1\mu m$ 或更小)则受气体分子冲击(布朗运动)不断改变着运动方向, 由于纤维间的空隙小于气体分子布朗运动的自由路径, 尘粒便与纤维碰撞接触而被分离出来. 它的优点是除尘效率高且稳定, 对于 $2\mu m$ 以上的粉尘, 其效率可达 99.9%以上, 且造价较低, 管理简单、维修方便. 布袋除尘器工作原理如图 5.1 所示.

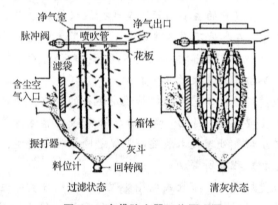

图 5.1 布袋除尘器工作原理图

随着过滤过程的不断进行, 滤袋外侧所积附的粉尘不断增加, 从而导致布袋除尘器本体的阻力逐渐升高. 当阻力达到设定值或过滤时间达到设定值时, 清灰控制器发出清灰信号, 首先令一个袋室的提升阀关闭以切断该室的过滤气流, 然后依次打开各电磁脉冲阀, 逐行喷吹, 压缩空气由气源顺次经气包、脉冲阀、喷吹管上的喷嘴以极短的时间向滤袋喷射. 压缩空气在袋内高速膨胀, 使滤袋产生高频振动变形, 使滤袋外侧所附尘饼变形脱落. 在充分考虑了粉尘的沉降时间后, 提升阀打开, 此袋室滤袋恢复到过滤状态, 而下一袋室则进入清灰状态, 直到最后一袋室清灰完毕为 1 个周期.

某垃圾发电厂(以下也简称某厂)除尘器基本运行状况及各类数据如表 5.1~表 5.4 所示.

表5.1　某厂除尘器基本运行状况

| 炉号<br>参数名称 | 1#炉 | 2#炉 | 备　注 |
|---|---|---|---|
| 布袋规格 | 165×6 000 | 168×6 000 | |
| 布袋数量 | 1 056 | 1 056 | |
| 进口烟温℃ | 220 | 220 | 200℃~225℃之间波动，极限在230℃以下 |
| 出口烟温℃ | 195 | 195 | 180~200区间波动，近期低值160℃(可能和环境因素有关) |
| 布袋差压 kPa | 1 350 | 1 650 | |
| 出口负压 | 2 900Pa | 3 000Pa | |
| 布袋气源压力 kPa | 320kPa | 310kPa | |

表5.2　某厂2014年年底至2016年年初布袋厂家及相关参数

| 厂家<br>参数名称 | 广州华滤 | 厦门三维丝 | 备注 |
|---|---|---|---|
| 纤维 | 100%PTFE(聚四氟乙烯) | 100%PTFE(聚四氟乙烯) | |
| 基布 | PTFE 基布(100%) | PTFE 基布(100%) | |
| 化学处理方式 | PTFE 覆膜 | PTFE 覆膜 | |
| 连续运行温度 | 250℃ | 240℃ | |
| 瞬时耐受温度 | 270℃ | 260℃ | |
| 化学抗酸性 | 优 | 优 | |
| 化学抗碱性 | 优 | 优 | |
| 化学抗水解性 | 优 | 完全不水解 | |
| 化学抗氧化性 | 优 | 完全不氧化 | |
| 化学抗磨损性 | 优 | 优 | |
| 喷吹压力 | 0.35MPa~0.4MPa | | |
| 强制吹灰压力 | 0.4MPa~0.54MPa | | |

表5.3　2014年年底至2016年年初某厂布袋更换统计

| 更换时间 | 更换数量及炉号 | | 备注 |
|---|---|---|---|
| | 1#炉 | 2#炉 | |
| 2014 年 11 月 27 日 | 21 | 0 | 1#炉 6U 积灰，烧坏布袋21 条 |
| 2015 年 1 月 23 日 | 0 | 2 | |
| 2015 年 1 月 27 日 | 3 | 0 | |
| 2015 年 2 月 12 日 | 0 | 5 | |
| 2015 年 2 月 27 日 | 22 | 15 | 1#炉 6D、6U 积灰，烧坏19 条 |
| 2015 年 3 月 25 日 | 7 | 3 | |
| 2015 年 3 月 27 日 | 4 | 0 | |

| 更换时间 | 更换数量及炉号 | | 备注 |
|---|---|---|---|
| | 1#炉 | 2#炉 | |
| 2015 年 4 月 19 日 | 43 | 31 | 22 日烟气检测前检查，更换 1#炉 1U 玻纤布袋 |
| 2015 年 4 月 28 日 | 1 | 28 | 烟气检测不合格后更换 |
| 2015 年 4 月 29 日 | 0 | 1 | |
| 2015 年 5 月 2 日 | 0 | 4 | |
| 2015 年 5 月 28 日 | 3 | 0 | |
| 2015 年 6 月 1 日 | 0 | 8 | |
| 2015 年 7 月 17 日 | 0 | 22 | |
| 2015 年 7 月 3 日 | 0 | 19 | |
| 2015 年 8 月 27 日 | 4 | 4 | |
| 2015 年 10 月 9 日 | 10 | 45 | |
| 2015 年 10 月 2 日 | 10 | 21 | |
| 2015 年 11 月 11 日 | 1 | 8 | |
| 2015 年 11 月 18 日 | 3 | 7 | |
| 2015 年 11 月 19 日 | 2 | 6 | |
| 2016 年 1 月 18 日 | 4 | 10 | |
| 合计 | 138 | 239 | 两炉合计：377 |

表 5.4　布袋更换前后烟尘含量的对比

| 更换时间 | 更换数量及炉号 | | 更换前后含尘量对比 mg/m³ | | | |
|---|---|---|---|---|---|---|
| | 1#炉 | 2#炉 | 炉号 | 更换前 3 天 | 炉号 | 更换后 3 天 |
| 2014 年 11 月 27 日 | 21 | 0 | 1#炉 | | 1#炉 | |
| | | | 2#炉 | | 2#炉 | |
| 2015 年 1 月 23 日 | 0 | 2 | 1#炉 | | 1#炉 | |
| | | | 2#炉 | | 2#炉 | |
| 2015 年 1 月 27 日 | 3 | 0 | 1#炉 | | 1#炉 | |
| | | | 2#炉 | | 2#炉 | |
| 2015 年 2 月 12 日 | 0 | 5 | 1#炉 | | 1#炉 | 8.9　10.9　8 |
| | | | 2#炉 | 44　21 | 2#炉 | |
| 2015 年 2 月 27 日 | 22 | 15 | 1#炉 | 22.6　19.2 | 1#炉 | 11　16.2 |
| | | | 2#炉 | | 2#炉 | |
| 2015 年 3 月 25 日 | 7 | 3 | 1#炉 | 24.6 | 1#炉 | |
| | | | 2#炉 | | 2#炉 | |
| 2015 年 3 月 27 日 | 4 | 0 | 1#炉 | | 1#炉 | 15.3 |
| | | | 2#炉 | | 2#炉 | |

续表

| 更换时间 | 更换数量及炉号 | | 更换前后含尘量对比 mg/m³ | | | | | | |
| --- | --- | --- | --- | --- | --- | --- | --- | --- | --- |
| | 1#炉 | 2#炉 | | 更换前 3 天 | | | 更换后 3 天 | | |
| 2015 年 4 月 19 日 | 43 | 31 | 1#炉 | 16.5 | 11.5 | 23.2 | | | |
| | | | 2#炉 | | | | | | |
| 2015 年 4 月 28 日 | 1 | 28 | 1#炉 | 14.2 | 16.5 | 15.8 | 9.7 | 10 | |
| | | | 2#炉 | | | | | | |
| 2015 年 4 月 29 日 | 0 | 1 | 1#炉 | | | | | | |
| | | | 2#炉 | | | | | | |
| 2015 年 5 月 2 日 | 0 | 4 | 1#炉 | | | | 10.4 | 10.8 | 12.1 |
| | | | 2#炉 | | | | | | |
| 2015 年 5 月 28 日 | 3 | 0 | 1#炉 | | | | | | |
| | | | 2#炉 | | | | | | |
| 2015 年 6 月 1 日 | 0 | 8 | 1#炉 | | | | 12 | 11.7 | 13.9 |
| | | | 2#炉 | | 14.9 | 27.2 | | | |
| 2015 年 7 月 17 日 | 0 | 22 | 1#炉 | | | 11.1 | 12.3 | 10.8 | |
| | | | 2#炉 | 26.3 | 12.3 | 13 | | | |
| 2015 年 7 月 3 日 | 0 | 19 | 1#炉 | 11.7 | 12.5 | 13.4 | | | |
| | | | 2#炉 | | | | 11 | 9.11 | 12.1 |
| 2015 年 8 月 27 日 | 4 | 4 | 1#炉 | 9.4 | 8.1 | 8.3 | 15.2 | | 8 |
| | | | 2#炉 | 25.2 | 16.9 | | 11.1 | 11 | 12.4 |
| 2015 年 10 月 9 日 | 10 | 45 | 1#炉 | | | | | | |
| | | | 2#炉 | | | | | | |
| 2015 年 10 月 2 日 | 10 | 21 | 1#炉 | 8 | 7.7 | 7.2 | 7 | | |
| | | | 2#炉 | | | 6.7 | 8.8 | | |
| 2015 年 11 月 11 日 | 1 | 8 | 1#炉 | | | | | | |
| | | | 2#炉 | 10.7 | 9.1 | 9.5 | | | |
| 2015 年 11 月 18 日 | 3 | 7 | 1#炉 | | | | | | |
| | | | 2#炉 | | | | | | |
| 2015 年 11 月 19 日 | 2 | 6 | 1#炉 | | | | | 6.4 | 5.7 |
| | | | 2# | | | | | 10.2 | 14.1 |
| 2016 年 1 月 18 日 | 4 | 10 | 1#炉 | | | 10.7 | 8.3 | 6.5 | |
| | | | 2#炉 | | | 10.8 | 8.2 | | |

注：1#、2#炉合并部分为大烟囱测量数据；空格为没有测量数据；连续处理布袋的记录开始处理前和处理结束后的实际，处理时间段留空；数据显示布袋更换前后含尘量有明显的变化.

2. 除尘效率逐渐下降的原因及对策

某厂除尘器运行参数见表 5.1. 统计数据显示，某厂在 1 年左右的周期内共使用 2

家公司的布袋，布袋参数见表 5.2，所选布袋完全满足某厂除尘器工况要求. 周期内共更换总数为 377 条；详细的更换数量见表 5.3. 其中 2#炉的更换数量是 1#炉的 2 倍左右.

布袋是保证除尘器在使用周期内除尘效率达标、工作可靠性的重要指标之一. 布袋除尘器在运行初期一般都能保持较高的除尘效率，但随着使用时间的增长，很多除尘器的除尘效率会逐步下降，在布袋使用寿命的中后期，布袋破损已比较严重，除尘效率已不能满足环保要求. 且不同布袋厂家的布袋的使用效果基本相同. 造成布袋磨损的主要原因如下.

(1) 烟气分布不均，在气室局部过滤风速过高，致使粉尘加剧冲击、磨损布袋.

从运行经验情况看：某厂两台除尘器均在 2012 年 3 月和 7 月分别对 2#和 1#进行了升级改造，由于两炉除尘器是两家公司进行改造施工，从设计和布风装置的计算存在差异；导致 2#炉布袋损坏率高于 1#炉，运行中 1#炉差压在 1 300Pa 左右，2#炉差压在 1 650Pa 左右，具体的分布差异原因目前尚未完全弄清楚，但差压大意味着布袋运行中承受的阻力更大，是导致布袋的损坏加剧的原因之一.

(2) 布袋间的距离过小造成布袋间碰撞磨损或是笼骨弯曲、笼骨与布袋底部间隙过小等造成的布袋与笼骨间的碰撞磨损；某厂原除尘器布袋直径为 120mm，改造后在原腔室截面积不变情况下，将布袋直径改为 165mm，增大了有效过滤面积. 但缩小了布袋之间的距离，也是布袋损坏率高的原因.

(3) 喷吹管喷嘴与布袋口的中心偏差，使喷吹管喷出气流直接冲刷布袋上段而产生磨损.

(4) 布袋清洗太频繁或喷吹压力过高亦会加速布袋的磨损.

(5) 在运营中，由于输灰系统故障的原因，导致除尘器飞灰清理不及时，局部腔室飞灰在布袋底部堆积，高温飞灰导致布袋损毁.

(6) 不明原因导致的布袋底部损坏，在后期的更换中出现大量的布袋底部损坏，针对该现象多次和厂家沟通，并在后续的布袋采购中特别要求对底部制作工艺的改进，加强布袋底部的强度.

因此，在设计时给出有效的解决措施，是提高除尘器设计质量、达到环保要求和保证安全、可靠运行的必由之路. 设计中必须采取针对性措施以减小布袋破损率，延长布袋的使用寿命，保证除尘器在使用周期内运行的可靠性. 减小布袋磨损的措施主要有几点（由于某厂的除尘器从投产就没有完整设计资料，运行过程中经过多次及多家单位整修改造，致使除尘器相关数据、设计、计算是否合理，还需在运行中验证）.

(1) 在设计时合理布置布袋，均衡气流，避免局部气流速度过高. 在工程设计中，可采用导流装置均流气体或分流装置分流气体等措施来解决局部气流速度过高致使布袋磨损的问题，采用挡灰板来解决烟尘直接与布袋碰撞造成的磨损问题.

(2) 在安装过程中，需控制好喷吹管的喷嘴与布袋口的对正关系；在运行初期，需保持较低的喷吹压力和较长的喷吹周期，保证在布袋的表面保持一定厚度的粉尘初始层.

(3) 完成对输灰系统的改造，保证布袋不会因为积灰的原因导致损毁.

3. 烟气超温和超压时除尘器可靠性分析

布袋除尘器滤料的材质对温度有一定的要求, 当超过使用温度范围时, 布袋有被烧毁的危险, 这对除尘器的可靠运行造成了严重威胁. 防止烟气超温造成烧袋的措施如下.

(1) 进入的烟气温度严格控制在 130℃~220℃ 之间, 温度低于 130℃ 容易造成烟气结露, 粉尘吸附在布袋上, 不易脱落, 造成糊袋, 严重影响除尘效果; 超过 220℃ 容易造成布袋损伤, 大大减少布袋的使用寿命. 综合整个生产工艺来看, 一般烟气进口温度控制在 160℃~185℃ 之间, 有利于布袋除尘器长期稳定运行.

(2) 采用喷水降温, 该方法不仅可以有效保证布袋的运行工况, 而且通过降温更有效的保证了活性炭对二噁英的吸附效果, 提高了烟气的处理质量. 某厂通过降温喷淋装置在 2015 年的几次二噁英检测的过程中的使用, 有效保证了烟气处理的达标排放.

4. 烟道和本体漏风对布袋性能的影响分析

烟道和本体漏风漏水是影响某厂除尘器效果的重要因素, 主要的影响包括:

(1) 漏风导致飞灰结板、结块. 堵塞布袋影响过滤效果, 或者结块于腔室、管壁影响飞灰的输送效果;

(2) 导致烟气结露, 冷凝析出酸性液体, 导致除尘器结构件严重的腐蚀;

(3) 雨天吸入雨水, 进一步加重结块、酸液等带来的破坏性后果;

(4) 在烟气排放检测中, 由于漏风导致的排放气体中氧含量高导致烟气污染物折算值变高, 影响烟气的达标排放.

5. 气动阀组、控制系统对除尘器的影响

目前某厂除尘器系统的气动装置、控制系统基本可以满足除尘器运行的需要, 部分装置在改造时存在一些缺陷, 会增加部分维护的工作量, 但不会从整体上影响除尘器的整体运行.

因此, 如何保证布袋除尘器稳定高效运行, 控制烟气中烟尘和二噁英等剧毒物质的排放, 合理的设计和日常运营管理是布袋器稳定运行的保证.

### 附件 2　新型超净除尘工艺主要技术特点介绍

(1) 高稳定性, 采用固体滤料, 完全克服老工艺布袋除尘器的缺点.

(2) 具有更高的排放标准, 二噁英 0.001ng, 含尘量 0.1mg, 硫化氢 0.5mg; 目前欧洲的相关标准分别是 0.1ng、10mg、35mg.

(3) 低成本, 新技术比布袋除尘工艺运行成本降低 50%. 新技术对老工艺的替代在原有工厂不作设计修改即可实现, 投入的技改成本在短期内即可收回.

**1. 审题要点**

在写论文前, 先要审题, 列出要点:

- 垃圾焚烧是处理垃圾的重要手段;
- 此法所引发的空气污染民众难以接受;
- 事实上 "虽然排放达标, 但却仍然扰民";
- 新建垃圾焚烧厂选址落地困难;
- 国标允许焚烧炉每年有 60h 的故障排放时间;
- 阻碍国标进一步提升的主要问题还是现行垃圾焚烧除尘工艺存在缺乏持续稳定性

等重大缺陷；

• 采用现行除尘工艺的大型焚烧厂即便其排放浓度不超标，却仍然存在排放总量限额超标的问题.

**2. 主要问题**

请收集资料，综合研究现行垃圾焚烧发电厂袋式除尘系统影响烟尘排放量的各项因素，构建数学模型分析袋式除尘系统运行稳定性问题，并分析其运行稳定性对周边环境烟尘排放总量的影响.

在建模的基础上回答以下问题.

（1）如果给定焚烧厂周边范围单位面积排放总量限额（地区总量/地区面积），在考虑除尘系统稳定性因素的前提下，试分析讨论焚烧厂扩建规模的环境允许上限是多少？并基于你的分析结果，向政府提出环境保护综合监测建议方案.

（2）如果采用一种能够完全稳定运行且除尘效果超过布袋除尘工艺的新型超净除尘替代工艺，你的除尘模型稳定性能将提升多少？

一个关键：建模量化分析布袋除尘器运行稳定性问题.

两个问题：①上限和方案；②新工艺.

**3. 支持材料**

有两个附件，附件 1 是某垃圾焚烧发电厂布袋式烟气处理系统的部分实际运行数据，从中可以看出，布袋除尘工艺环节对整个袋式烟气处理系统的运行稳定性有决定性影响. 附件 2 比较简单，是对新工艺的一个简介，这将只能用在建模的后面的问题中.

**4. 分析**

该论文的关键是建立一个评估布袋式烟气处理系统稳定性的模型. 讨论稳定性，先要了解烟气处理系统. 幸好在附件 1 中给了不少材料介绍这个系统，也了解到这个系统是通过布袋过滤粉尘的. 不稳定的原因是布袋的破损. 布袋的破损虽然是物理原因，但原因不单一，有相当的随机性. 这样，稳定性建模就至少有两个方向：微观模型和宏观模型. 微观模型从物理原理出发，搞清楚破袋原因，从而给出对策；宏观模型是从数据出发，找出破损率以及应对方法. 如前所述，物理原因比较复杂，涉及的因素很多，袋子数量也很多，每个袋子的破损原因可能都不一样. 所以这个题目如果用微观模型做是费力不讨好的，很难做出令人信服的结果来. 附件 1 里给出了一些数据，但仅根据这些数据建立宏观模型显得稍弱了些，还要有一些数据支持. 如果有了足够的数据，用宏观模型借统计工具进行数学建模应该是一个比较好的方向. 下面我们就点评这样的一篇参赛论文.

### 5.3.2 参赛论文及点评

参赛论文可通过扫描二维码查看，也可通过前言所介绍的方法下载.

参赛论文

**1. 总体印象**

文章主题鲜明，思路清晰，结构完整，方法得当，结果可信，写作规范.

**2. 综合点评**

参赛者紧紧抓住"稳定性"，用主成分分析法在众多的因素中遴选出 3 个影响稳定性的主要因素，并通过非线性回归法拟合出了标准化后的主参数与稳定性评分之间的函数关系式.

参赛者查阅了大量文献，除了附件，还找到了其他更多的数据，使得结果更为可信.

参赛者通过建立衰减因子模型，找到稳定性评分破损率和实际净化率之间的关系，解出实际排放量，方便与环境限额进行比较，并为焚烧厂扩建规模提供参考，但结果不够细致.

用层次分析法给出评估政府机构可能的几种针对袋式除尘系统排放的监测方案，并寻找出最佳的监测方案.

**3. 改进之处**

(1)摘要有改进的空间

摘要开头的第一、二段并无意义，在摘要里没必要写背景. 一开始就直截了当切入主题，例如，"我们在本文中建立了评价和优化两个模型来评估布袋除尘系统的稳定性和环境的综合效益，其中……".

(2)关键词不准确

第一个词"稳定性"指什么稳定性？后面 4 个词都是方法，论文中并未对它们有什么改进，所以不能用这些词作为关键词，即便有改进，要用它，也最好用主层次分析法代替 PCA 等，而不是它的英文缩写. 这篇论文的关键词建议是"垃圾燃烧除尘""布袋烟气处理系统""除尘系统稳定性评估""环境监测优化模型".

(3)背景叙述太简单

这是很多参赛者的通病，在叙述背景时仅仅重复了考题，而没有将考题的意思转化为自己的语言，用通用论文叙述背景的方式将论题的意义和研究状态以及作者想要做的工作介绍给读者. 尽管评阅者是知道考题的，但按通用论文的叙述方式会让评阅者感到作者的专业，无形中增加了论文的分量.

(4)结果图偏少

如果时间允许，尽量把解模结果用图形表示，这会帮助评阅者理解论文结果，大大增加评阅者的好感.

(5)最后缺少一个总结

在文章结束前，应该对几个模型做一个总结，帮助评阅者最后梳理一下论文得到的结果和方法，加深评阅者的印象，这将会对评奖更有帮助.

(6)回答两问不够明确

前面说过，赛题中的问题很重要. 这篇文章尽管解决了赛题中的两问，但没有用一种明确清晰的方式回答两问，这样有可能让评阅者忽略. 这个明确的回答可以放在前面所说的总结里. 如果文章结尾有这样一个包含明确回答赛题里两问的总结，论文表述就更丰满了.

尽管又不完美的地方，但瑕不掩瑜，这篇论文仍然不失为一篇优秀的建模竞赛论文.

# 参考文献

[1] 邦迪 J A，默蒂 U S R. 图论及其应用[M]. 吴望名，等译. 北京：科学出版社，1984.

[2] 殷剑宏，吴开亚. 图论及其算法[M]. 合肥：中国科学技术大学出版社，2003.

[3] 王海英，黄强，李传涛，等. 图论算法及其 MATLAB 实现[M]. 北京：北京航空航天大学出版社，2010.

[4] GODSIL C，ROYLE G. 代数图论[M]. 北京：世界图书出版公司，2004.

[5] 王云峰，陈卫东. 统计学原理——理论与方法(第 2 版)[M]. 上海：复旦大学出版社，2014.

[6] 钱伟民. 应用随机过程[M]. 北京：高等教育出版社，2014.

[7] 王梓坤. 概率论基础及其应用[M]. 北京：北京师范大学出版社，1996.

[8] 冯国双. 医学研究中的 logistic 回归分析及 SAS 实现[M]. 北京：北京大学医学出版社，2015.

[9] 张宪超. 数据聚类[M]. 北京：科学出版社，2017.

[10] 雷法特. 信用风险评分卡研究——基于 SAS 的开发与实施[M]. 北京：社会科学文献出版社，2013.

[11] 陈建. 信用评分模型技术与应用[M]. 北京：中国财经经济出版社，2005.

[12] 姜启源，谢金星，叶俊. 数学模型(第 3 版)[M]. 北京：高等教育出版社，1987.

[13] 叶其孝，李正元，王明新，等. 反应扩散方程引论(第 2 版)[M]. 北京：科学出版社，2011.

[14] 姜礼尚，陈亚浙，刘西垣，等，数学物理讲义(第 3 版)[M]. 北京：高等教育出版社，2010.

[15] 张文生. 微分方程数值解：有限差分理论方法和计算[M]. 北京：科学出版社，2015.

[16] 胡运权. 运筹学教程(第 2 版)[M]. 北京：清华大学出版社，2003.

[17] 梁进，陈雄达，张华隆，等. 数学建模讲义[M]. 上海：上海科技出版社，2012.

[18] 张立卫，等. 变分分析与优化[M]. 北京：科学出版社，2017.

[19] 利伯逊. 变分法和最优控制论[M]. 北京：世界图书出版公司，2013.

[20] 同济大学数学系. 高等数学(第 7 版)[M]. 北京：高等教育出版社，2014.

[21] 吕恩博格，等. 线性和非线性规划(第 3 版)[M]. 北京：世界图书出版公司，2015.